《建筑地基基础工程施工质量验收标准》GB 50202—2018 应用指南

国家标准《建筑地基基础工程施工质量验收标准》编制组　编著

中国建筑工业出版社

图书在版编目（CIP）数据

《建筑地基基础工程施工质量验收标准》GB 50202—2018应用指南/国家标准《建筑地基基础工程施工质量验收标准》编制组编著. —北京：中国建筑工业出版社，2020.3
ISBN 978-7-112-24760-8

Ⅰ.①建… Ⅱ.①国… Ⅲ.①地基-基础(工程)-工程验收-质量标准-中国-指南 Ⅳ.①TU47-65

中国版本图书馆CIP数据核字（2020）第022316号

本书是由《建筑地基基础工程施工质量验收标准》编制组编写，主要依据最新版的《建筑地基基础工程施工质量验收标准》GB 50202—2018内容编写而成。全面讲述了标准的编制背景，标准实施的重要性和必要性。并对标准的条文逐条详细解释，加深标准使用者对标准条文的理解，争取读者在实际工程中将标准内容熟练应用。

本书内容新颖，编制人员权威，适合广大建筑地基基础工程施工人员、科研人员、相关专业的师（生）阅读使用。

责任编辑：王　梅　张伯熙
责任校对：李欣慰

《建筑地基基础工程施工质量验收标准》GB 50202—2018应用指南
国家标准《建筑地基基础工程施工质量验收标准》编制组　编著
*
中国建筑工业出版社出版、发行（北京海淀三里河路9号）
各地新华书店、建筑书店经销
北京科地亚盟排版公司制版
北京市密东印刷有限公司印刷
*
开本：787×1092毫米　1/16　印张：6¾　字数：161千字
2020年8月第一版　2020年8月第一次印刷
定价：**30.00**元
ISBN 978-7-112-24760-8
(35093)

本书编写委员会

主　编：李耀良

编　委：李耀良　朱建明　高文生　王卫东　叶观宝　周同和

徐天平　钟显奇　李耀刚　康景文　缪俊发　徐惠元

朱武卫　马华明　石振明　袁　芬　王曙光　吴春林

张思群　许建得　傅志斌　王理想　宋青君　王吉良

胡志刚　兰　韡　张刚志　陈　衡　张云海　尤旭东

罗云峰　沈　建　邸国恩　张兴明　卢秀丽　黄江川

陈　瑶　陈　辉　吴　斌　郑　憧　路三平　杨宇波

陈希杰　李伟强　张哲彬

前　言

国家标准《建筑地基基础工程施工质量验收规范》GB 50202—2002 发布实施十多年来，较好地指导并规范了我国建筑地基基础工程的施工及验收。

近年来，随着我国城市化、城镇化进程的逐步加快，城市和城镇建设快速发展，高层建（构）筑物越来越多，越来越高，越来越大，地下空间也越来越受到重视。为更好地发挥标准规范对经济发展的保障作用，规范建筑地基基础施工质量的验收，住房和城乡建设部于 2012 年将《建筑地基基础工程施工质量验收规范》GB 50202—2002 列入修订计划，以上海市基础工程集团有限公司和苏州嘉盛建设工程有限公司为主编单位的共 15 家单位、34 位专家组成的修订组于 2012 年 7 月成立，历经 3 年多的努力，2015 年 12 月规范送审稿通过专家组审查。审查会后编制组经多次修改后完成报批稿。根据中华人民共和国住房和城乡建设部公告 2018 第 23 号，《建筑地基基础工程施工质量验收标准》GB50202—2018（以下简称"《标准》"）正式批准发布，自 2018 年 10 月 1 日起实施，原《建筑地基基础工程施工质量验收规范》GB 50202—2002 同时废止。

《标准》是建筑地基基础工程施工质量验收的通用标准，提出了地基基础工程施工验收的标准、程序及方法的基本要求。《标准》编制过程中，编制组总结了近些年来我国建筑地基基础工程验收的实践经验和研究成果，借鉴了有关国际标准和国外先进技术，广泛地征求了有关方面的意见，对具体内容进行了反复讨论、协调和修改。

为了便于《标准》使用者准确并正确执行《标准》，本《标准》编制组组织部分起草人员编写了本应用指南。本书作为一本辅助性的教材，内容具有较强的针对性、指导性和补充性的特点。为了更好地配合标准的实施和应用，编者在内容上作了以下安排：概述，主要介绍标准编制背景、编制过程及标准的重要意义；第 1～10 章主要对标准相应章节的主要条款进行说明和应用补充。

请各单位在《标准》实施过程中，总结实践经验，积累资料，随时将有关意见和建议反馈至上海市基础工程集团有限公司（地址：上海市民星路 231 号；邮政编码：200433；电子邮箱：digua1984@126. com)，本应用指南编制限于学术水平，疏漏和不足之处在所难免，敬请广大读者不吝指正。

本标准主编单位： 上海市基础工程集团有限公司
苏州嘉盛建设工程有限公司

本标准参编单位： 中国建筑科学研究院有限公司
华东建筑设计研究院有限公司
同济大学
郑州大学综合设计研究院有限公司
广东省建筑工程集团有限公司
广东省基础工程集团有限公司
建设综合勘察研究设计院有限公司
中国建筑西南勘察设计研究院有限公司
上海广联环境岩土工程股份有限公司
陕西省建筑科学研究院有限公司
上海市工程建设咨询监理有限公司
黑龙江省寒地建筑科学研究院
上海同济检测技术有限公司

本标准主要起草人员： 李耀良 朱建明 高文生 王卫东
叶观宝 周同和 徐天平 钟显奇
李耀刚 康景文 缪俊发 徐惠元
朱武卫 马华明 石振明 袁 芬
王曙光 吴春林 张思群 许建得
傅志斌 王理想 宋青君 王吉良
胡志刚 兰 韡 张刚志 陈 衡
张云海 尤旭东 罗云峰 沈 健
邱国恩 张兴明

本标准主要审查人员： 叶可明 侯伟生 杨 斌 张 雁
桂业琨 施祖元 唐孟雄 武 威
张成金 潘延平 刘小敏 滕文川

目 录

概　述

一　标准编制背景

《建筑地基基础施工质量验收规范》GB 50202—2002 是按照“验评分离、强化验收、完善手段、过程控制”的十六字方针制定的，该规范执行近 10 多年来，较好的规范了建筑地基基础工程从材料进场、施工工艺控制、施工质量控制及工程质量验收的全过程管理，对保证我国建筑地基基础工程的施工质量起到了积极的作用。

随着建筑业的持续发展和建筑市场形势的变化，2002 版规范在执行规范的过程中也存在许多问题，已经不能很好地满足我国建筑地基基础工程施工质量验收的需要。具体有：1. 存在一些意见较为集中，执行较为困难的条款。如钻孔桩的混凝土试样留取、单一地基的质量检验数量、多节预制桩焊接接头的质量检验方法等；2. 随着建筑工程发展，基坑工程近几年来形式越来越多，规模越来越大而本标准从内容到质量检验均满足不了现在的要求，需作较大范围的修订；3. 2002 年在编制规范时，强调了工程结果，对工艺过程的控制作了淡化，而实际反映出来的问题，正是过程未作严格控制要求所致，本次修订增加过程控制的要求；4. 2002 版规范执行以来不少新技术、新工艺得到了应用，新规范应将已成熟应用的技术放入。因此，结合当前建筑业发展新形势，开展相关专题研究，在借鉴国外先进标准的基础上，对 2002 版规范进行全面修订是十分必要的。

二　标准编制过程

1. 任务来源

《建筑地基基础工程施工质量验收标准》GB 50202—2018 是根据住房和城乡建设部《关于印发 2012 年工程建设标准规范制订、修订计划的通知》（建标〔2012〕5 号文）的要求，由上海市基础工程集团有限公司、苏州嘉盛建设工程有限公司为主编单位，由中国建筑科学研究院有限公司、华东建筑设计研究院有限公司、同济大学、郑州大学综合设计研究院有限公司、广东省建筑工程集团有限公司、广东省基础工程集团有限公司、建设综合勘察研究设计院有限公司、中国建筑西南勘察设计研究院有限公司、上海广联环境岩土工程股份有限公司、陕西省建筑科学研究院有限公司、上海市工程建设咨询监理有限公司、黑龙江省寒地建筑科学研究院、上海同济检测技术有限公司为参编单位，共有 15 家单位参与了标准的修订。

本次标准是在《建筑地基基础工程施工质量验收规范》GB 50202—2002 的基础上修订而成的。

2. 编制过程

1）初稿的形成

《建筑地基基础工程施工质量验收标准》编制组成立暨第一次工作会议于2012年7月31日在上海召开，住房和城乡建设部标准定额研究所姚涛、上海市城乡建设和交通委员会建设市场监管处俞伟、上海市建筑建材业市场管理总站白燕峰到会并讲话。编制组成员在会上对编写目录进行了讨论，最终基本上确定了目录的分类，同时要求增加一些特殊土地基的内容，比如盐渍土地基等。会上还对编写内容的分工和编写进度计划进行了讨论确定，住房和城乡建设部领导对规范编写工作也提出了具体要求，要求编制组成员学习国家标准编制的流程、管理程序和编写规定，严格按照规定进行执行，保证规范编制质量，同时要做好调研工作，总结工程实践经验，重要的问题要专题论证，规范的编写更要注意与各规范标准协调，做好信息交流、广泛征求意见，使规范具有代表性和先进性，主编单位要负起责任，做好组织协调工作，并做好标准编制过程的资料整理存档工作，参编人员要做好分工的编写任务等。

2012年8月～2013年4月，编制组完成了《建筑地基基础工程施工质量验收标准》讨论稿（1）。

2）征求意见稿的形成

2013年5月10日召开了编制组第二次工作会议，会议对标准《讨论稿》（1）进行了分章节逐条讨论，要求对施工部分的内容予以删除，对验收的要求进行编制，特殊土部分单列出来进行编写，对目录重新进行了调整。

第二次工作会议后，编制组成员单位按照分工认真编写了标准的《征求意见稿》初稿（1），通过网上邮箱传递，由主编单位对《征求意见稿》初稿（1）进行了汇总。《建筑地基基础工程施工质量验收标准》编制组第三次工作会议于2014年2月21～22日在广州召开，会议对《征求意见稿》初稿（1）进行了充分的讨论，会上决定将第六章的二、三、四、五节的节名分别改为“湿陷性黄土”“冻土”“膨胀土”“盐渍土”，将第九章和第十章的章名分别改为“土石方工程”和“边坡工程”，将检验标准表格中的主控项目和一般项目进行调整。

第三次工作会议后，经过主编单位汇总统稿于2014年11月底形成了《征求意见稿》初稿（2），编制组于2014年12月5～6日在苏州召开《建筑地基基础工程施工质量验收标准》编制组第四次工作会议。各主编、参编单位出席此次会议，会上对规范进行了逐条地讨论与修改，各章节条文编写顺序按照施工前、施工中、施工后进行编排，表格中允许值和允许偏差做好区分，允许偏差数值写法统一。

第四次工作会议后，2015年1月中旬完成了《征求意见稿》终稿，并于2015年2月～4月在国家工程建设标准化信息网上公开征求意见，同时将《征求意见稿》终稿寄往全国从事相关研究、设计以及施工单位的33位专家进行定向意见征求。

3）送审稿的形成

征求意见期间，到2015年4月中旬编制组共收集到673条征求意见、建议，2015年8月18日编制组召开工作会议，对提出的每一条意见和建议进行了逐条地讨论工作，完成了对征求意见稿的修改工作。针对征求意见稿的专家意见，其中504条意见接受，40条意见部分接受，129条意见不接受。本次征求意见的采纳率为81%，未采纳的专家意见主要为规范用语表述或者是与相关规范协调的情况，大部分专家意见已经采纳。

2015 年 9 月编制组成员对落实专家意见后的《征求意见稿》进行逐条讨论，同时拟定了强制性条文，2015 年 9 月底完成了规范的《送审稿》。

4）送审稿审查会议

由上海市基础工程集团有限公司、苏州嘉盛建设工程有限公司会同有关单位编制的国家标准《建筑地基基础工程施工质量验收标准（送审稿）》（以下简称《标准》）审查会于 2015 年 12 月 24 日、25 日在上海召开。会议由住房和城乡建设部建筑地基基础标准化技术委员会主持，住房和城乡建设部标准定额司、上海市住房和城乡建设管理委员会派代表出席。会议成立了以叶可明院士为主任委员，以侯伟生教授级高工、杨斌研究员为副主任委员的审查委员会，《标准》编制组成员代表也参加了会议。

标准技术内容的审查由正、副主任委员主持，通过审查委员会认真细致的审查，审查委员会一致认为，编制组调查、总结了国内外建筑地基基础工程的实践经验和科研成果，开展了专题研究，广泛征求了有关方面的意见，《规范》送审稿主要技术指标设置合理，无重大遗留问题，可操作性强，能满足建筑地基基础工程施工质量验收的需要，总体上达到国际先进水平。

审查委员会一致同意《标准》送审稿通过审查，建议将《标准》送审稿第 3.0.4 条、第 5.1.3 条、第 5.1.5 条作为强制性条文，同时建议编制组按审查意见和建议对送审稿进一步修改和完善，尽快形成报批稿上报主管部门。

5）报批稿的形成

根据形成的审查意见，对审查会议中专家提出的意见，编制组逐条进行分析讨论，进行修改，并形成了本标准的报批稿初稿，完成之后报送到住房和城乡建设部建筑地基基础标准化技术委员会，进行审查。针对地基基础标委会专家给出的意见，编制组成员进行了逐条讨论修改完善，最终形成了报批稿。

由于本标准的强制性条文有 3 条，经过多次讨论、斟酌以及标委会的意见，最后强制性条文经过强条委的审查，2016 年 8 月 16 日给出了审查意见，最终确定下来的强制性条文有 1 条，5.1.3 条作为强制性条文。

三　标准审查意见

由上海市基础工程集团有限公司和苏州嘉盛建设工程有限公司会同有关单位编制的工程建设国家标准《建筑地基基础工程施工质量验收标准（送审稿）》（以下简称《标准》）审查会于 2015 年 12 月 24 日在上海召开。会议由住房和城乡建设部建筑地基基础标准化技术委员会主持，住房和城乡建设部标准定额司、上海市住房和城乡建设管理委员会派员出席。会议成立了以叶可明院士为主任委员，以侯伟生教授级高工、杨斌研究员为副主任委员的审查委员会。《标准》编制组成员参加了会议。

审查委员会听取了《标准》编制组对编制过程、主要技术内容、建议的强制性条文以及重点审查内容等的汇报，对《标准》送审稿进行了逐条审查，形成审查意见如下：

1.《标准》送审资料齐全，符合国家现行的法律、法规和技术政策要求，符合工程建设标准编写规定，技术内容与现行相关标准协调。

2. 主要修改意见及建议如下：

（1）第八章名称修改为“降排水工程”。

（2）将第九章中有关基坑土方开挖的内容调整至第七章。

（3）第十章边坡工程内容应与相关规范进一步协调。

（4）取消附录B。

（5）完善验收项的数量规定。

（6）具体修改意见及建议见会议纪要附件。

3. 建议将《标准》送审稿第3.0.4条、第5.1.3条、第5.1.5条作为强制性条文。

审查委员会认为，编制组调查、总结了国内外建筑地基基础工程的实践经验和科研成果，开展了专题研究，广泛征求了有关方面的意见。《标准》送审稿主要技术指标设置合理，无重大遗留问题，可操作性强，能满足建筑地基基础工程施工质量验收的需要，总体上达到国际先进水平。

审查委员会一致同意《标准》送审稿通过审查，建议编制组按审查意见和建议对送审稿进一步修改和完善，尽快形成报批稿上报主管部门。

四　标准修订的主要内容

本标准修订的主要技术内容是：1. 调整了章节的编排；2. 删除了原规范中对具体地基名称的术语说明，增加了与验收要求相关的术语内容；3. 完善了验收的基本规定，增加了验收时应提交的资料、验收程序、验收内容及评价标准的规定；4. 调整了振冲地基和砂桩地基，合并成砂石桩复合地基；5. 增加了无筋扩展基础、钢筋混凝土扩展基础、筏形与箱形基础、锚杆基础等基础的验收规定；6. 增加了咬合桩墙、土体加固及与主体结构相结合的基坑支护的验收规定；7. 增加了特殊土地基基础工程的验收规定；8. 增加了地下水控制和边坡工程的验收规定；9. 增加了验槽检验要点的规定；10. 删除了原规范中与具体验收内容不协调的规定。

此外，跟02版规范相比，此次修订将检验表格中的“设计要求”根据实际情况修改为“不小于设计值”“不大于设计值”等表述，明确了检验要求的上限、下限指标，相较之前更为清晰、可操作。

五　规范强制性条文

审查会后规范的强制性条文有3条，后经过多次讨论、斟酌以及标委会的意见，最后强制性条文经过强条委的审查，2016年8月16日给出了审查意见，最终确定下来《标准》共设置1条强制性条文，必须严格执行。简要介绍如下：

5.1.3　灌注桩混凝土强度检验的试件应在施工现场随机抽取。来自同一搅拌站的混凝土，每浇筑50m^{3}必须至少留置1组试件；当混凝土浇筑量不足50m^{3}时，每连续浇筑12h必须至少留置1组试件。对单柱单桩，每根桩应至少留置1组试件。

条文说明：5.1.3　本条是在原规范2002版强制性条文5.1.4条的基础上修改而成。虽然目前灌注桩的直径和深度均有所增加，但是也会出现短桩数量非常多的情况，按照原规范的要求，混凝土试块的留置数量偏多，此次修订将“小于 50m³ 的桩，每根桩必须有1组试件”改为“当混凝土浇筑量不足 50m³ 时，每连续浇筑 12h 必须至少留置 1 组试件”，即对于单桩不足 50m³ 的桩无须一桩一试件，数量有所减少。

检测单位根据混凝土灌注的体积，结合本条对混凝土试块留置数量的要求进行检验，检验的质量应符合设计要求。可以根据检测单位提供的检测报告对混凝土强度进行验收，满足要求后方可进行后续施工。

本条为强制性条文，应严格执行。

六 标准的重要意义

本标准在编制过程中，总结了我国近年来建筑地基基础工程的施工经验，借鉴了国外相关地基基础技术标准，将成熟的、先进的施工技术纳入标准，同时充分考虑建筑地基基础工程施工质量验收过程中的节能减排效应，以落后的、需淘汰的验收方法不在本标准中提及为原则；且提倡节能型、可再生资源的使用，对规范建筑地基基础工程检验与验收，以及贯彻国家低碳经济政策有重要意义。

1）针对素土、灰土地基、砂和砂石地基、土工合成材料地基、粉煤灰地基、强夯地基、注浆地基、预压地基的承载力的检验数量偏多的情况，在保证施工质量验收的基础上，此次修订减少了检验数量，不仅为施工质量验收提供依据，保证安全性，同时避免了不必要的浪费，降低了验收成本。

2）提出了基坑支护工程必须以工程质量安全和环境安全并重的原则，这一验收条文的规定，从本质上避免了一味追求施工质量而对工程周边环境的破坏，以规范的形式提出对环境安全的保护。

3）规定了地下连续墙施工中对循环泥浆指标的测定，对泥浆的循环使用提出标准，避免施工材料的浪费及对周边环境造成污染，循环使用泥浆既节能又环保。

4）验收回灌管井封闭效果时不仅检验其封井效果，对封井材料的环境危害性也提出检验，提出了施工所用材料的环境保护要求。

综上所述，本标准编制不仅修订了建筑地基基础施工质量验收的方法，给出了施工质量验收中需要注意的各项要点，而且始终围绕着“节能减排”的主题，提倡使用高效的新型验收工艺，对落后的验收工艺予以淘汰，充分将“节能减排”思想融入施工质量验收中去，符合我国社会和经济持续稳定发展的必然趋势。

我们相信国家标准《建筑地基基础工程施工质量验收标准》GB 50202 的实施将为国内建筑地基基础工程的施工质量验收提供保障，并促进其健康发展。

本标准发布实施后，尚应继续进行工程质量验收经验的总结和其中一些新型验收方法的研究，特别是适用的地域范围以及施工质量验收的参数指标。

第1章　总　　则

1.0.1 条要点说明

编制本标准的目的是统一建筑地基基础工程施工质量的验收，保证施工质量。本标准不包括建筑地基基础设计、使用等方面的内容。

本标准的上一版是《建筑地基基础工程施工质量验收规范》GB 50202，是按照“验评分离、强化验收、完善手段、过程控制”的十六字方针编制的，取消了施工技术方面的内容。2015年新近发布了国家标准《建筑地基基础工程施工规范》GB 51004，针对建筑地基基础工程的施工要求做了全面规定，因此，本标准本次修订做到了与《建筑地基基础工程施工规范》GB 51004协调的基础上，重点强化施工质量的验收，并控制施工前、施工过程中、施工完成后重点工序的验收。

1.0.2 条要点说明

本标准适用于建筑工程地基、基础、基坑工程与边坡工程，对于其他有特殊要求的地基、基础工程，可参照相应的专业规范执行。

1.0.3 条要点说明

地基基础工程内容涉及砌体、混凝土、钢结构、地下防水工程以及桩基检测等有关内容，验收时除应符合本标准的规定外，尚应符合现行国家相关规范的规定。与建筑地基基础施工有关的验收规范有：

《砌体工程施工质量验收规范》GB 50203

《混凝土结构工程施工质量验收规范》GB 50204

《钢结构工程施工质量验收规范》GB 50205

《地下防水工程质量验收规范》GB 50208

《建筑基桩检测技术规范》JGJ 106

《建筑地基处理技术规范》JGJ 79

《建筑地基基础设计规范》GB 50007

第2章 术 语

本章在2002版规范的基础上，做了较大的调整，对2002版中的10条术语予以删除，最终给出的5个有关建筑地基基础工程施工质量验收的术语均为此次新增术语。

在编写本章术语时，参考了《建筑工程施工质量验收统一标准》GB 50300等国家标准中的相关术语。

本标准的术语是从建筑地基基础工程施工质量验收的角度赋予其涵义的，还给出了相应的推荐性英文术语，供参考。

第3章 基本规定

概 述

本章给出了建筑地基基础工程施工质量验收的基本规定，包括验收的基本要求、验收内容、合格判断标准等内容，由于本标准与国家标准《建筑工程施工质量验收统一标准》GB 50300配套使用，标准不再重复规定建筑地基基础工程验收的组织程序要求。

条文说明

3.0.1条要点说明

根据地基基础工程验收阶段的不同，施工质量验收的程序也有所不同。

施工单位应在自检合格的基础上，填写《检验批质量验收记录》，并由项目质量检验员或项目专业技术负责人在《检验批质量验收记录》中相关栏签字，检验批应由专业监理工程师组织施工单位专业质量检查员、专业工长等进行验收；

分项工程应由专业监理工程师组织施工单位项目专业技术负责人等进行验收；

分部工程应由总监理工程师组织施工单位项目负责人和项目技术负责人等进行验收；

单位工程验收，施工单位应编制单位工程《施工质量总结》，由总监理工程师组织各专业监理工程师对工程质量进行验收。

3.0.2条要点说明

本条给出了验收时需要提供的材料，验收材料应提交齐全。

1 岩土工程勘察报告包含岩土工程勘察报告、补勘或施工勘察报告等资料；

2 设计文件包含设计图纸、设计变更单以及相关的设计文件资料；

5 施工记录的资料包含施工技术核定单、施工意外情况的处理意见及检验资料；

7 隐蔽工程验收资料中包含地基验槽记录、钢筋验收记录等隐蔽工程验收资料；

8 检测与检验报告包含原材料、构配件等的检测及检验报告。

本标准3.0.3条明确提出施工前及施工过程中所进行的检验项目应制作表格，并应做相应记录、校审存档。施工记录原则上来说，是施工单位的自查文件，应由施工单位填制。当前，各地区、各区县的地质条件不一，采用的地基与基础形式多样。随着时间的推移，越来越多的新技术、新工艺不断涌现，现有的固定表式不可能满足所有工艺要求。针对“新标准”有要求，但是现有表格不能满足施工技术参数记录的情况下，施工单位应根据专项施工方案和验收规范要求自行编制表格。

3.0.3条要点说明

在工程验收时，应检查与核对相关方案及验收记录，确认对过程中的检验项目均完成记录与存档，各验收阶段的验收组织和参加人员符合规范要求，保证验收材料完备，验收程序正确。

3.0.4条要点说明

本次修订的新标准规定：凡是地基与基础工程都必须验槽，而旧规范中仅在基坑工程的一般规定中提出对于基坑（槽）、管沟开挖至设计标高后须验槽合格才能进行垫层施工。当基础类型为复合地基或者桩基础时无明确规定是否需要验槽，旧规范未能给出清楚的解释，导致这十几年来各地区的验槽工作地方特色较明显。

验槽是在基坑或基槽开挖至坑底设计标高后，检验地基是否符合要求的活动。验槽的目的是为了探明基坑或基槽的土质情况等，据此判断异常地基基础是否需要进行局部处理、原钻探是否需补充、原基础设计是否需修正，同时是否应对自己所接受的资料和工程的外部环境进行再次确认等。验槽是地基基础工程施工前期重要的检查工序，是关系到整个建筑安全的关键，对每一个基坑或基槽，都必须进行验槽。

修订后的附录 A，对地基基础验槽提出了具体的规定与要求见表 3.0.4。

例如 A.1.1 中规定，“勘察、设计、监理、施工、建设等各方相关技术人员应共同参加验槽。”验槽的组织单位应为建设单位或者其委托的监理单位，参与单位有五方，在实际操作过程中监督管理单位可能也会被建设单位邀请过来进行验槽程序监督。也有一些地方质监站明确发文要求，建设单位或者施工单位应对于验槽提前报备，以便于进行验槽的执法检查。

A.1.2 中规定，“验槽时，现场应具备岩土工程勘察报告、轻型动力触探记录（可不进行轻型动力触探的情况除外）、地基基础设计文件、地基处理或深基础施工质量检测报告等。”新标准提到的岩土工程勘察报告是建设单位在开工前委托勘查单位形成的，建设单位也会提供给施工单位作为施工参考。轻型动力触探记录是施工单位在土方开挖完成后，或者地基处理完成后做的工作记录。一般在施工过程中，我们称之为钎探记录。常用的轻型圆锥动力触探是利用一定的锤击能量（锤重 10kg），将一定规格的圆锥探头打入土中，根据贯入锤击数所达到的深度判别土层的类别，确定土的工程性质，对地基土做出综合评价。

验槽的时机及验槽内容　　　　表 3.0.4

地基与基础形式	验槽时间	验槽内容
天然地基	开挖至设计标高	1. 根据勘察、设计文件核对基坑的位置、平面尺寸、坑底标高； 2. 根据勘察报告核对基坑底、坑边岩土体和地下水情况； 3. 检查空穴、古墓、古井、暗沟、防空掩体及地下埋设物的情况，并应查明其位置、深度和性状； 4. 检查基坑底土质的扰动情况以及扰动的范围和程度； 5. 检查基坑底土质受到冰冻、干裂、受水冲刷或浸泡等扰动情况，并应查明影响范围和深度
换填地基、强夯地基	地基处理完成，开挖至设计标高	地基均匀性、密实度等检测报告；承载力检测资料
增强体复合地基	开挖至设计标高，在褥垫层施工前	桩位、桩头、桩间土情况和复合地基施工质量检测报告
特殊土地基	开挖至设计标高	处理后地基的湿陷性、地震液化、冻土保温、膨胀土隔水、盐渍土改良等方面的处理效果检测资料
设计计算中考虑桩筏基础、低桩承台等桩间土共同作用时的基础	开挖清理至设计标高	桩间土进行检验
人工挖孔桩	在桩孔清理完毕后	对桩端持力层进行检验
大直径挖孔桩	在桩孔清理完毕后	逐孔检验孔底的岩土情况

注：JGJ/T 225—2010：2.1.1 大直径扩底灌注桩——由机械或者人工成孔桩底部扩大，现场灌注混凝土，桩身直径不小于 800mm、桩长不小于 5m 的桩。

3.0.5 条要点说明

建筑地基基础工程的施工质量对整个工程的安全稳定具有十分重要的意义，验收的合格与否主要取决于主控项目和一般项目的检验结果。主控项目是对检验批的基本质量起决定性影响的关键项目，这种项目的检验结果具有否决权，需要特别控制，因此要求主控项目必须全部符合本标准的规定，意味着主控项目不允许有不符合要求的检验结果。

本标准主控项目中，桩长（孔深）的规定为不小于设计值，但当桩端下存在软弱下卧层或承压含水层等特殊土层时，桩长过长会造成软弱下卧层承载力不足、沉降较大或对抗承压水稳定性等造成不利影响，因此桩长（孔深）的允许偏差宜控制在500mm以内，不宜过长（深）。

一般项目是较关键项目，相对于主控项目可以允许在抽查的数量里有20%的不合格率。对采用计数检验的一般项目，本标准要求其合格率为80%及以上，且在允许存在的20%以下的不合格点中不得有严重缺陷。严重缺陷是指对结构构件的受力性能，耐久性能或安装要求、使用功能有决定性影响的缺陷。具体的缺陷严重程度一般很难量化确定，通常需要现场监理、施工单位根据专业知识和经验分析判断。

3.0.6 条要点说明

对于检查数量的规定，本标准在具体章节中针对检查项目的不同均做出了具体规定，如本标准第4.1.4条、第4.1.5条、第5.1.3条、第5.1.6条对承载力、混凝土强度等的规定。对于没有具体规定数量的检验项目，应按检验批抽检，具体按国家标准《建筑工程施工质量验收统一标准》GB 50300 执行。现行国家标准《建筑工程施工质量验收统一标准》GB 50300 针对检验批的划分给出了具体的规定，同时也根据检验批的不同数量给出了最小的抽检数量要求，在具体抽检的过程中，可以结合现行国家标准《建筑工程施工质量验收统一标准》GB 50300 中规定的数量进行抽检。

《建筑工程施工质量验收统一标准》GB 50300 中第3.0.9条中明确提出了“检验批抽样样本应随机抽取，满足分布均匀、具有代表性的要求，抽样数量应符合有关专业验收规范的规定。当采用技术抽样时，最小抽样数量应符合表3.0.9的要求。”

在施工质量验收的过程中，因为质量验收的实际情况比较复杂，新标准和旧规范都没有具体规定所有验收项目的抽样数量。新标准中提出当无具体规定时，施工单位和监理单位可以根据验收内容和现场实际情况结合《建筑工程施工质量验收统一标准》GB 50300—2013 中第3.0.9条的规定制定检验批次划分方案并确定抽样数量。新标准实际上给了施工单位和监理单位更多的自由裁量权，并且提供了底线原则。

3.0.7 条要点说明

部分桩身强度、混凝土强度等的检查方法规定为28d试块强度检验法，在对此类项目进行试件检查时，难免会遇到评定不满足要求或试件的代表性不够的情况，此时，应采取钻芯取样等实体强度检测方法进行检测。

3.0.8 条要点说明

本条对建筑地基基础工程施工质量验收的原材料检验提出要求，地基基础工程选用的材料、建筑构配件和设备的质量状况直接影响地基基础的基本功能和技术性能，以及建筑工程安全，需要予以许可控制。现行国家标准《建筑工程施工质量验收统一标准》GB 50300 的规定，用于建筑工程的主要材料、半成品、成品、建筑构配件、器具和设备的进场检验和重要建筑材料、产品的复验。

第4章　地基工程

概　述

本章“地基工程”原2002版规范共分为15小节，分别为一般规定、灰土地基、砂和砂石地基等。本次标准修订对灰土地基、振冲地基和砂桩地基章节进行了调整。原灰土地基一节增加了对素土地基施工质量验收的内容，修改为素土、灰土地基。因振冲地基是砂石桩地基中的一种，故本次标准修订将振冲地基与砂桩地基合并为砂石桩复合地基。

2002版中第四章“地基工程”中有两条强制性条文，原4.1.5条和原4.1.6条。本次标准修订对两条强制性条文均有调整。随着当今工程体量的不断增大，原4.1.5条规定的检验数量在实际工程中带来的工作量较大，而实际工程中并不需要这么大的检验数量即可满足检验要求，因此本次标准修订将原4.1.5条中地基承载力的检验数量从每$100m^2$不应少于1点调整为每$300m^2$不应少于1点，$3000m^2$以上的工程，从每$300m^2$不应少于1点调整为每$500m^2$不应少于1点，每单位工程不应少于3点。在保证质量的前提下，检验数量有所降低。同时对应原灰土地基一节内容的修改，在原4.1.5条的检验项目中加入了素土地基。

2002版中，原4.1.6条规定复合地基承载力的检验数量为总数的0.5%～1%，但不应少于3处，有单桩强度检验要求时，数量为总桩数的0.5%～1%，但不应少于3处。本次标准修订将复合地基承载力检验数量调整为不少于总数的0.5%，有单桩承载力或桩身强度检验要求时，检验数量不应少于总桩数的0.5%，且不应少于3根，仅规定检验数量下限，保证施工质量。

本次标准修订对本章质量验收标准有较多调整，主要有以下几个方面：明确和调整了部分质量验收标准项目的检查方法，如4.7.4条中粒径、细度模数等项目的检查方法由2002版的试验室试验明确为筛析法，4.13.4条中桩身完整性的检查方法由按桩基检测技术规范明确为低应变法等，使得检查方法更为清晰准确，部分调整后的检查方法相比原规范操作更为简单，结果更为准确；对主控项目及一般项目的内容进行调整，如在强夯地基、注浆地基等节中根据《建筑地基基础设计规范》GB 50007相关规定加入了变形指标项目，删除了高压喷射注浆复合地基等节中对水泥及外掺剂质量的检验标准，新增的检查项目将对地基工程的质量把控更为全面，确保地基工程施工质量，同时删除了部分重复和笼统的检查项目；根据对各地预压地基质量检验标准的调研情况，并结合近年来建筑工程的发展与变化，对部分质量检验标准的允许偏差或允许值进行了调整，随着工艺水平的进步，总体而言适当提高了质量要求，使其更符合工程实际情况。

4.1 一般规定

条文说明

4.1.1 条要点说明

间歇期可分为平行搭接时间、技术间歇时间、组织间歇时间。建筑工程施工中，施工间歇关系到施工进程和施工质量。合理确定施工间歇，是施工企业实现工期和质量目标的基本保证。

地基工程施工质量验收考虑间歇期是因为地基土的密实、孔隙水压力的消散、水泥或化学浆液的胶结、土体结构恢复等均需有一个期限，施工结束后立即进行质量验收存在不符合实际施工质量的可能。至于间歇多长时间，在各类地基规范中均有规定，一般不少于14d。具体可由设计人员根据实际情况确定。有些大型工程施工周期较长，一部分已达到间歇要求，另一部分仍在施工，就不一定待全部工程施工结束后再进行取样检查。可先在已完工程部位进行，但是是否有代表性就应由设计方确定。

4.1.2 条要点说明

静载试验的压板面积对处理地基检验的深度有一定影响，本条提出对换填垫层和压实地基、强夯地基或强夯置换地基静载荷试验的压板面积的最低要求。工程应用时应根据具体情况确定。平板静载试验的承压板可用混凝土、钢筋混凝土、钢板、铸铁板等制成，多以钢板为主。要求压板具有足够的刚度，不挠曲，压板底部光滑、平整，尺寸和传力中心准确，搬运和安置方便。承压板形状可加工成正方形和圆形，其中圆形压板受力条件较好，而且边界条件简单，使用最多。

《岩土工程勘察规范》GB 50021 规定压板面积一般宜采用 $0.25m^2$～$0.50m^2$，对均质密实的土，可采用 $0.1m^2$，对软土和人工填土，不应小于 $0.5m^2$。采用单桩复合地基试验方式时，压板面积为一根桩承担的处理面积；采用多桩复合地基试验方式时，压板面积为相应多根桩承担的处理面积。

4.1.3 条要点说明

地基土载荷试验用于确定岩土的承载力和变形特征等，静载试验的试坑长度和宽度应不小于压板宽度或直径的 3 倍，应注意保持试验土层的原状结构和天然湿度。宜在拟试压表面用不超过 20mm 厚的粗、中砂层找平。加荷等级不应少于 8 级，最大加载量不应少于荷载设计值的 2 倍。每级加载后，按间隔 10min、10min、10min、15min、15min，以后为每隔 0.5h 读一次沉降量，当连续 2h 内，每小时的沉降量小于 0.1mm 时，则认为已趋于稳定，可加下一级荷载。

地基承载力特征值有如下两种取值方式：当极限荷载不小于对应的比例界限的 2 倍时，承载力特征值可取比例界限；当其值小于对应比例界限的 2 倍时，可取极限荷载的一半。根据上述取值原则，地基承载力特征值小于等于 0.5 倍的极限荷载，为了能够准确的反映实际的地基承载力特征值，静载试验最大加载量不应小于设计要求的承载力特征值的 2 倍。若试验过程中无法加到 2 倍地基就发生破坏，说明地基承载力不符合设计要求。

4.1.4 条要点说明

地基承载力的大小直接影响地基的强度及稳定性，地基承载力值不仅与土质、土层埋藏顺序有关，而且与基础地面的形状、大小、埋深、上部结构对变形的适应程度、地下水位的升降、地区经验的差别等有关（表 4-1）。

地基基础检测数量的规定（与 2002 版规范和其他规范对比）　　表 4-1

抽检依据	抽检计划	对比说明
《建筑地基处理技术规范》JGJ 79	1. 振冲碎石桩、沉管砂石桩、灰土挤密桩、土挤密桩、柱锤冲扩桩复合地基采用复合地基静载荷试验，同一条件下检测数量不得少于总桩数的 1%，且不得少于 3 点。 2. 水泥土搅拌桩、旋喷桩、夯实水泥土桩、水泥粉煤灰碎石桩复合地基应采用复合地基静载荷试验和单桩静载荷试验，同一条件下检验数量不应少于总桩数的 1%，且复合地基静载荷试验不应少于 3 点。 3. 强夯置换地基单墩载荷试验同一条件下数量不应少于墩点数的 1%且不得少于 3 点；对饱和粉土地基，当处理后墩间土能形成 2.0m 以上厚度的硬层时，可采用单墩复合地基静载荷试验，同一条件下检验数量不应少于墩点数的 1%且不得少于 3 点。 4. 低应变法桩身完整性检测数量不得少于总桩数的 10%。 5. 换填垫层、预压地基、压实地基、强夯地基、注浆加固地基，对于简单的一般建筑物每单体工程不应少于 3 点	对于振冲碎石桩、水泥土搅拌桩、强夯置换地基等，本标准在保证施工质量的基础上，降低了检测数量的要求。 对于桩身完整性检测数量本标准规定有所提高。 对于换填垫层、预压地基等，本标准对地基承载力检测数量要求更为具体细化
《建筑地基基础设计规范》GB 50007	1. 静载荷法单桩竖向抗压、抗拔、水平承载力检测不得少于同条件下的总桩数的 1%，且不得少于 3 根。 2. 静载荷法浅层、深层平板地基承载力检测，对于简单的一般建筑物每个单体试验点数不得少于 3 点。 3. 静载荷法岩石地基承载力检测，同一条件下最少不得小于 3 个点。 4. 低应变法、声波透射法、钻芯法桩身完整性检测，不得少于总桩数的 10%且不宜少于 10 根，且每根柱下承台不应少于 1 根 5. 土层锚杆承载力/锁定力检测（基本试验）不得少于 3 根。 6. 土层锚杆承载力/锁定力检测（验收试验）同条件下锚杆总数的 5%且不少于 5 根。 7. 岩石锚杆承载力/锁定力检测同条件下锚杆总数的 5%且不少于 6 根	对于单桩承载力，本标准与《建筑地基基础设计规范》GB 50007 基本一致。 对于地基承载力，本标准对检测数量要求更为具体细化 对于桩身完整性检测数量本标准规定有所提高。 对于锚杆承载力，本标准规定有所降低
《建筑基坑支护技术规程》JGJ 120	1. 锚杆承载力/锁定力检测（验收试验）锚杆总数的 5%且同一土层的锚杆不少于 3 根。 2. 锚杆承载力/锁定力检测（基本试验）同一条件下的锚杆不得少于 3 根。 3. 锚杆承载力/锁定力检测（蠕变试验）不得少于 3 根。 4. 土钉抗拔承载力检测土钉总数的 1%且同一土层的土钉不少于 3 根	本标准与《建筑基坑支护技术规程》JGJ 120 基本一致
《建筑地基基础工程施工质量验收规范》GB 50202	1. 对灰土地基、砂和砂石地基、土工合成材料地基、粉煤灰地基、强夯地基、注浆地基、预压地基，检验数量为每单体工程不应少于 3 点，1000m^2 以上工程，每 100m^2 至少应有 1 点，3000m^2 以上工程，每 300m^2 至少应有 1 点。每一独立基础下至少应有 1 点，基槽每 20 延米应有 1 点。 2. 对水泥土搅拌桩复合地基、高压喷射注浆桩复合地基、砂桩地基、振冲桩复合地基、土和灰土挤密桩复合地基、CFG 桩复合地基和夯实水泥土桩复合地基，其承载力检验，数量为总桩数的 0.5%～1%，但不应少于 3 处。有单桩强度检验要求时，数量为总桩数的 0.5%～1%，但不应少于 3 处	对于灰土地基、砂和砂石地基等地基承载力的检验数量，本标准在保证质量的前提下，降低了检验数量。 对于水泥土搅拌桩复合地基、高压喷射注浆桩复合地基等地基，本标准在保证施工质量的基础上，仅规定了检验数量的下限

随着当今工程体量的不断增大，本标准将地基承载力的检验数量由每 100m^2 不应少于 1 点调整为每 300m^2 不应少于 1 点，3000m^2 以上的工程，将每 300m^2 不应少于 1 点调整为每 500m^2 不应少于 1 点。每单位工程不应少于 3 点。在保证质量的前提下，检验数量有所降低。

4.1.5 条要点说明

复合地基是指天然地基在地基处理过程中部分土体得到增强，或被置换，或在天然地基中设置加筋材料，加固区是由基体（天然地基土体或被改良的天然地基土体）和增强体两部分组成的人工地基。在荷载作用下，基体和增强体共同承担荷载的作用。根据复合地基荷载传递机理将复合地基分成竖向增强体复合地基和水平向增强体复合地基，又把竖向增强体复合地基分成散体材料桩复合地基、柔性桩复合地基和刚性桩复合地基三种。本条内容较旧版有所改动，在保证施工质量的基础上，只规定了检验数量的下限，并未规定其上限。地基承载力的检验数量与其他相关规范和原规范的对比见上表。

4.1.6 条要点说明

本标准第 4.1.4 条、第 4.1.5 条规定的各类地基的主控项目及检验数量是至少应达到的，其他主控项目及检验数量可按本标准 3.0.6 条确定，一般项目可根据实际情况，随机抽查，做好记录。复合地基中桩的施工质量是非常重要的，应保证 20%的抽查量。

4.1.7 条要点说明

对检验方法的适用性以及该方法对地基处理的处理效果评价的局限性应有足够认识，例如，钻芯法检验桩身强度时，因抽芯技术的不同，采芯率也随之不同；又如，低应变法检测时，不论缺陷的类型如何，其综合表现均为桩的阻抗变小，而对缺陷的性质难以区分等。因此，当采用一种检验方法的检验结果具有不确定性时，应采用另一种检验方法进行验证，以保证地基处理后的质量达到设计要求。

4.2 素土、灰土地基

条文说明

4.2.1 条要点说明

灰土的拌合分为人工拌合和机械拌合，机械拌合的均匀性与拌合比例、机械控制以及方式方法有关。人工拌合时应严格控制灰剂量，如果灰剂量偏差较大，将对地基的质量和压实有很大影响。

素土地基土料可采用黏土或粉质黏土，有机质含量不应大于 5%并应过筛，不应含有冻土或膨胀土，严禁采用地表耕植土、淤泥及淤泥质土、杂填土等土料。素土中若含有碎石，其粒径不宜大于 50mm。

石灰含氧化钙、氧化镁越高越好，熟化石灰应采用生石灰块（块灰的含量不少于 70%），在使用前 3d～4d 用清水予以熟化，充分消解后成粉末状并过筛，石灰不得含有过多的水分；灰土的强度随用灰量增大而提高，但当大于一定限值后强度增加很小，故灰土中石灰与土的体积配合比宜为 2∶8 或 3∶7；灰土一般多用人工搅拌，不少于三遍，达到均匀、色泽一致的要求；搅拌时应适当控制含水量，现场以手握成团、两指轻捏即散为宜，一般最优含水量为 14%～18%；如含水分过多或过少时，应稍晾干或洒水湿润；采用生石灰粉代替熟化石灰时，在使用前按体积比预先与黏土拌合，洒水堆放 8h 后方可铺设。

4.2.2 条要点说明

素土、灰土地基夯实时的加水量应根据最优含水量确定，且应控制含水量在最优含水量的±2%范围内。

素土、灰土地基的施工方法，分层铺填厚度及每层压实遍数等宜通过试验确定（表 4-2），分层铺填厚度宜取 200mm～300mm，应随铺填随夯压密实。分层压实时应控制机械碾压的速度。在不具备试验条件的场合，每层铺填厚度及压实遍数也可参照当地经验数值，或参考表选用。对于分段施工的素土、灰土地基，接缝处宜增加压实遍数。存在软弱下卧层的地基，应针对不同施工机械设备的重量、碾压强度、振动力等因素，确定底层的铺填厚度，以便既能满足该层的压实条件，又能防止扰动下卧层软弱土的结构。

每层铺填厚度及压实遍数 **表 4-2**

施工设备	每层铺填厚度（m）	每层压实遍数
平碾（8～12t）	0.2～0.3	6～8
振动碾（8～15t）	0.6～1.3	6～8
羊足碾（5～16t）	0.2～0.25	8～16
蛙式夯（200kg）	0.2～0.25	3～4

4.2.3 条要点说明

素土、灰土的地基承载力必须达到设计要求。根据建筑工程的实际情况，在广泛调研的基础上，地基承载力的检查方法在原规范的基础上进行了相应修订，由按规定方法检查改为静载试验检查，静载试验操作简单，结果明确，易于实现。具体的检验数量和方法参见本标准第 4.1.2 条和第 4.1.4 条。

4.2.4 条要点说明

本条规范给出了素土、灰土地基质量检测各项目的检验标准及检查方法，2002 版规范只对灰土地基进行了阐述，现对本条的规定以及本次修订的变化做如下说明（表 4-3）：

旧规范与新标准检查方法的调整 **表 4-3**

项目	旧规范检查方法	新标准检查方法
压实系数	现场实测	环刀法
涂料有机质含量	试验室焙烧法	灼烧减量法
土颗粒粒径	筛分法	筛析法

压实系数为试样干密度与击实试验得到试样最大干密度的比值。采用环刀法获得试样的密度操作简单、数据可靠、易于实现。采用环刀法检验施工质量时，取样点应位于每层厚度的 2/3 处。筏形与箱形基础的地基检验点数量每 $50m^2$～$100m^2$ 不应少于 1 点；条形基础的地基检验点数量每 10m～20m 不应少于 1 点；每个独立基础不应少于 1 点。

筛分法和筛析法均基于颗粒筛分试验，但筛析法更能体现在筛分试验基础上的分析过程，故本标准将筛分法修订为筛析法，表述更精确。

此外，跟 2002 版规范相比，此次修订将检验表格中的“设计要求”根据实际情况修改为“不小于设计值”“不大于设计值”等表述，明确了检验要求的上限、下限指标，相较之前更为清晰可操作。

4.3 砂和砂石地基

条文说明

4.3.1 条要点说明

施工前应检查砂、石的粒径，砂宜采用颗粒级配良好、质地坚硬的石屑、中砂或粗砂、砾砂。当采用细砂、粉砂时，应掺和一定量的卵石（或碎石），但是其拌和一定要均匀。对砂中的有机质含量和含泥量应做检查。用自然级配或人工级配的砂砾石（或卵石、碎石）混合物，粒级应在 50mm 以下，其含量应在 50%以内，不得含有植物残体、垃圾等杂物，含泥量小于 5%。含泥量的多少与土体的抗剪强度密切相关，含泥量较大时，不利于颗粒之间的咬合作用，填料的抗剪强度大大减小。人工级配砂石应通过试验确定配合比例，使之符合设计要求。施工前应配专人及时处理砂窝、石堆等问题，做到砂石级配良好。

4.3.2 条要点说明

砂垫层和砂石地基中分层厚度与地基的原材料以及施工机具有关。现场施工时应根据原材料和施工机具随时检查分层铺筑厚度，分段施工搭接部位的压实情况，随时检查压实遍数，按规定检测压实系数，结果应符合设计要求，在每层压实系数符合设计要求后方可铺填上层土。注意边缘和转角处夯打密实。

垫层铺设完毕，应立即进行下道工序施工，严禁小车及人在砂层上面行走，必要时应在垫层上铺板行走。

4.3.3 条要点说明

采用静载试验对砂石地基的承载力进行检查，具体的操作方法和检查数量根据本标准第 4.1.2 条和第 4.1.4 条确定。

4.3.4 条要点说明

本条文给出了砂和砂石地基质量检测各项目的检验标准及检查方法，现对本条的规定以及本次修订的变化做如下说明：

1. 检查方法的调整（表 4-4）

旧规范与新标准检查方法的调整 **表 4-4**

项目	旧规范检查方法	新标准检查方法
压实系数	现场实测	灌砂法、灌水法
砂石料有机质含量	焙烧法	灼烧减量法

2. 允许偏差值的调整（表 4-5）

旧规范与新标准允许偏差值的调整 **表 4-5**

项目	旧规范允许偏差	新标准允许偏差	变化情况
砂石料粒径	≤100mm	≤50mm	适当提高

根据建筑工程的实际情况，本条在旧规范的基础上进行了相应修订，砂石料粒径的允许值由 100mm 修订为 50mm，其检查方法由筛分法修订为筛析法。参见《建筑地基基础工程施工规范》GB 51004 以及《建筑地基处理技术规范》JGJ 79 对砂和砂石地基的相关规定，砂石的最大粒径不宜大于 50mm，含泥量不应大于 5%，砂石料粒径的修订更符合当前工程的实际情况。

4.4 土工合成材料地基

条文说明

4.4.1 条要点说明

根据工程特性和地基土条件，通过现场试验对所用的土工合成材料的品种和性能进行检验。抽查过程中，如果合成材料的单位面积质量、厚度、比重、强度、延伸率以及土、砂石料质量等不符合要求，均要进行处理。

4.4.2 条要点说明

土工合成材料如用缝接法或胶接法连接，应保证主要受力方向的连接强度不低于所采用材料的抗拉强度。

4.4.3 条要点说明

采用静载试验对土工合成材料地基的承载力进行检查，具体的操作方法和检查数量根据本标准第 4.1.2 条和第 4.1.4 条确定。与原规范相比，地基承载力的检查方法由按规定方法更改为静载试验，静载试验操作简单、结果明确、易于实现，在地基承载力的检测中广泛应用。

4.4.4 条要点说明

本条给出了土工合成材料地基质量检测各项目的检验标准及检查方法，现对本条的规定以及本次修订的变化做如下说明（表 4-6）：

旧规范与新标准检查方法的调整　　表 4-6

项目	旧规范检查方法	新标准检查方法
土石料有机质含量	焙烧法	灼烧减量法

主控项目及一般项目的检查，允许值及允许偏差的规定较原规范没有改变。检查时严格按照表中提及的指标进行校核，确保工程施工质量。

2002 版规范在编制的时候，规范的数据格式并不严密，比如 2002 版规范土工合成材料强度偏差值为“≤5%”，按照字面理解为：土工合成材料强度应控制在 95%～105%，但是实际施工中土工合成材料强度大于 105%没有任何问题，是有利于工程质量的，所以新标准中数据改为“≥−5%”。

4.5 粉煤灰地基

条文说明

4.5.1 条要点说明

粉煤灰材料质量对地基的质量有直接影响，在施工前，应对粉煤灰的颗粒粒径进行检查，确保其在 0.001mm～2.0mm，严格控制生活垃圾及其他有机杂质混入。粉煤灰材料的安放位置应符合建筑材料有关放射性安全标准的要求。

施工前应对基槽的清底情况和地质条件予以检验。

4.5.2 条要点说明

粉煤灰地基的分层铺设厚度与施工机具有关，一般而言，分层铺设厚度宜为 200mm～300mm，当采用压路机时铺设厚度宜为 300mm～400mm，四周宜设置具有防冲刷功能的隔离措施。粉煤灰铺填后用机械夯实，虚铺厚度为 200mm～300mm，夯完后厚度为 150mm～200mm；用 8t 压路机，虚铺厚度为 300mm～400mm，压实后为 250mm 左右。

粉煤灰铺设的最优含水量应控制在±4%范围内，含水量过大时应摊铺晾干后再碾压，含水量过小，应洒水湿润再压实，粉煤灰铺设后应于当天压完。

4.5.3 条要点说明

采用静载试验对粉煤灰地基的承载力进行检查，具体的操作方法和检查数量根据本标准第 4.1.2 条和第 4.1.4 条确定。

4.5.4 条要点说明

本条给出了粉煤灰地基质量检测各项目的检验标准及检查方法，现对本条的规定以及本次修订的变化做如下说明：

1. 检查方法的调整（表 4-7）

旧规范与新标准检查方法的调整 表 4-7

项目	旧规范检查方法	新标准检查方法
地基承载力	按规定方法	静载试验
烧失量	试验室烧结法	灼烧减量法

与旧规范相比，粉煤灰地基的承载力检验方法由按规定方法更改为静载试验，这与静载试验的操作简单、结果准确等优点密切相关，静载试验对地基承载力的检查在工程中的应用较广泛。

2. 允许偏差值的调整（表 4-8）

旧规范与新标准允许偏差值的调整 表 4-8

项目	旧规范检查方法	新标准检查方法	变化情况
含水量	最优含水量±2%	最优含水量±4%	与其他规范协调一致

含水量的允许偏差由±2%更改为±4%，在保证施工质量的基础上，结合目前的工程实际状况，对含水量的检查要求进行更改，这与《建筑地基基础工程施工规范》GB 51004 等规范的要求相一致。

4.6 强夯地基

条文说明

4.6.1 条要点说明

夯锤规格与夯击的质量密切相关，施工前应对夯锤底面、锤底排气孔等进行检查，强夯施工前应先设置降排水系统，降水系统宜采用真空井点系统，在加固区以外 3m～4m 处宜设置外围封闭井点。当地下水位降至设计水位并稳定后，方可拆除降水设备，按标记夯点位置进行第一遍强夯。如果排水设施设置不合理，将导致地下水上升到夯坑中，造成夯击能量的损失，影响地基质量。

4.6.2 条要点说明

强夯施工中所采用的各项参数和施工步骤是否符合设计要求，在施工结束后往往很难进行检查，所以要在施工过程中对各项参数和施工情况进行详细记录，经常检查各项测试数据和施工记录，不符合设计要求时应进行补夯或采取其他有效措施。

4.6.3 条要点说明

地基的强度、承载力和变形指标作为强夯地基质量检验标准的主控项目，必须要严格执行，强度和变形是确保地基稳定的重要条件，将避免地基上建筑物因变形过大而影响其正常使用。验收时，应确保这些指标达到要求。

4.6.4 条要点说明

本条给出了强夯地基质量检测各项目的检验标准及检查方法，现对本条的规定以及本次修订的变化做如下说明：

1. 检查方法的调整（表 4-9）

旧规范与新标准检查方法的调整　　表 4-9

项目	旧规范检查方法	新标准检查方法
地基承载力	按规定方法	静载试验
地基土强度	按规定方法	原位测试
夯击顺序	旁站记录	检查施工记录
前后两遍间歇时间	旁站记录	检查施工记录

2. 主控项目与一般项目的调整

① 主控项目中增加了变形指标一项，《建筑地基基础设计规范》GB 50007 中强条规定，建筑物的地基变形计算值，不应大于地基变形允许值。强夯地基的变形指标应通过原位测试进行确定，作为质量验收的主控项目。

② 一般项目中增加了夯击击数、最后两击平均夯沉量与场地平整度检查项目，其检查项目及允许值和允许偏差均与《建筑地基基础工程施工规范》GB 51004 的要求相一致。

新增检查项目将对强夯地基的质量把控更全面，确保强夯地基的施工质量。

4.7 注浆地基

条文说明

4.7.1 条要点说明

根据施工方案、施工记录表检查注浆点及浆液配比是否符合要求，测定浆液的原材料性能是否符合规范要求，对进场检查报告以及产品合格证进行检查，确保注浆设备性能符合规范规定的要求。

注浆加固材料可选用水泥浆液、硅化浆液和碱液等固化剂。为了确保注浆加固地基在平面和深度连成一体，满足土体渗透性、地基土的强度和变形等设计要求，施工前应进行室内浆液配比试验和现场注浆试验，确定设计参数、检查施工方法和设备。

浆液配比的选择应结合现场注浆试验，试验阶段可选择不同浆液配比。现场注浆试验包括注浆方案的可行性试验、注浆孔布置试压和注浆工艺试验三方面。一般为保证注浆效果，尚须通过试验寻求以较少的注浆量获得最佳注浆方法和最优注浆参数，即在可行性试验基础上进行注浆孔布置方式试验和注浆工艺试验，只有在经验丰富的地区可参考类似工程确定设计参数。

4.7.2 条要点说明

注浆施工中应采用自动压力流量记录仪记录注浆压力和浆液流量，注浆压力、注浆流量和注入量等数据可作为分析地层的空隙，确定注浆结束条件，预测注浆效果的依据。

根据地基条件、环境现场及注浆目的选择合适的注浆顺序。一般来说，注浆顺序应按跳孔间隔注浆方式进行，并宜采用先外围后内部的注浆施工方法，防止浆液流失。

4.7.3 条要点说明

在原规范基础上，将地基承载力的检验方法由按规定方法更改为静载试验，《建筑地基处理技术规范》JGJ 79—2012 强制性条文规定，注浆加固处理后的地基承载力应进行静载荷试验检验，确保建筑物的安全使用。

主控项目中，增加了变形指标这一检查项目，地基变形允许值及允许偏差的确定有助于保证上部结构的安全和正常使用。

4.7.4 条要点说明

本条给出了注浆地基质量检测各项目的检验标准及检查方法，现对本条的规定以及本次修订的变化做如下说明：

1. 检查方法的调整（表 4-10）

旧规范与新标准检查方法的调整　　表 4-10

项目	旧规范检查方法	新标准检查方法
地基承载力	按规定方法	静载试验
粒径	试验室试验	筛析法
细度模数	试验室试验	筛析法
含泥量	试验室试验	水洗法
有机质含量	试验室试验	灼烧减量法
塑性指数	试验室试验	界限含水率试验
黏粒含量	试验室试验	密度计法
含砂率	试验室试验	洗砂瓶
有机质含量	试验室试验	灼烧减量法
细度模数	试验室试验	筛析法
烧失量	试验室试验	灼烧减量法
水玻璃模数	抽样送检	试验室试验
注浆材料称量	抽查	称重

新标准详细确定了各检查项目的检查方法，符合当前的工程实际，对确保材料性能及注浆地基质量起到至关重要的作用。

2. 允许偏差值的调整（表 4-11）

旧规范与新标准允许偏差值的调整　　表 4-11

项目	旧规范检查方法	新标准检查方法	变化情况
水玻璃模数	2.5～3.3	3.0～3.3	适当提高
注浆孔位	±20mm	±50mm	合理放松

注浆孔位的允许偏差由 20mm 更改为±50mm，与《建筑地基基础工程施工规范》GB 51004 的要求相一致。

3. 主控项目与一般项目的调整

① 主控项目中增加了变形指标检查项目，《建筑地基基础设计规范》GB 50007 中强条规定，建筑物的地基变形计算值不应大于地基变形允许值。注浆地基的变形指标应通过原位测试进行确定，作为质量验收的主控项目。

② 主控项目中将注浆体强度更改为检查处理后地基土的强度，检查处理后地基土的强度更能反映注浆地基质量，同时考虑注浆体的质量、施工效果及其他施工因素对地基质量的影响。

③将主控项目中原材料检验调整至一般项目中，合理放松了对原材料的检查要求，但原材料的质量应确保注浆地基的质量符合规定。

4.8 预压地基

条文说明

4.8.1 条要点说明

施工前检查的监测初始数据主要有地层孔隙水压力、地表沉降等。

(1) 地层孔隙水压力检测一般采用孔隙水压力计。孔隙水压力检测点的布置应根据测试目的与要求，结合场地地质周围环境和作业条件综合考虑确定。

由于孔隙水压力计埋设时原则上不采用泥浆护壁成孔，所以成孔完毕后应尽快将所有探头埋入，以免孔壁失稳后造成埋设探头困难。

(2) 地表沉降监测一般为：在监测点地面挖一定面积（一般为 $0.25m^2$～$0.4m^2$）的土坑，内铺 50cm 左右的黄砂，整平压实；将沉降板平放在坑内，保证板面水平，将回填土整平压实；沉降板的金属测杆、套管和接驳的垂直偏差率应不大于 1.5%，金属测杆直径为 4cm，测杆应与底板焊接为一体；套管采用塑料管，直径为 10cm，具有一定的强度和刚度。将套管垂直套进测杆标上；用水准仪连续数日观测杆的高程，测定初始高程。

观测标志如图 4-1 所示。如沉降标本身的稳定性不能保证，现场再用沙包压实，保证在测试期间沉降杆的稳定，不受外界条件的干扰。

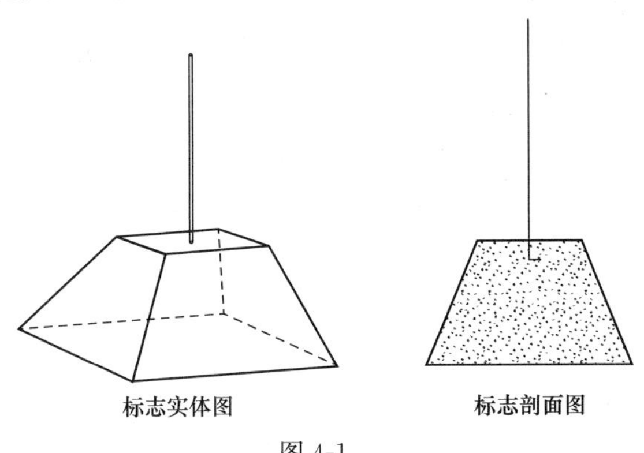

图 4-1

软土的固结系数小，当软土层较厚时，因排水通道长，达到工作要求的固结度所用时间较长。为此，对软土预压应设置竖向和水平排水通道，加快其排水速率，减少预压作业时间。

竖向塑料排水带施工过程中回带的原因有：①排水板底端连接不牢、排水板发生弯曲；②套管之间的摩阻力过大。回带造成了排水板不能贯穿软土层，影响下部软土的排水效果。解决回带的方法有：①打设至设计深度后，可在套管上方开口处注水或拉紧塑料排水板以减小塑料排水板与套管之间的摩阻力，减少回带；②保证导管管靴与套管尖部结合紧密，防止淤泥进入导管内部，增大对排水板的阻力，而造成回带，对进入导管内的淤泥要及时清理；③控制插设速度及套管上拔速度不宜过快，排水板打设到预定深度后，留振3s～5s。

4.8.2 条要点说明

堆载预压时，必须分级堆载，确保预压效果并避免坍滑事故。一般以每天的沉降速率、边桩位移速率和孔隙水压力增量等指标控制堆载速率。堆载预压工程的卸载时间应从安全性考虑，其固结度应满足设计要求，现场检测的变形速率应有明显变缓趋势或达到设计要求才能卸载。

真空预压的真空度可一次抽气至最大，当实测沉降速率和固结度符合设计要求时，可停止抽气。

膜下真空度的量测有助于了解真空压力随时间的变化情况，得到真空荷载随时间的变化曲线；砂井中真空度的量测有助于了解真空度沿垂直排水通道中的传递规律及真空度的传递损失，判断真空荷载在垂直方向上的分布情况、影响深度，判断有效加固深度；淤泥中真空度的量测有助于了解在淤泥中真空度随时间的发展过程，从而判断淤泥的加固效果和固结程度。

图 4-2　量测真空度

真空表的埋设：检验真空表的性能是否满足测试要求；准备 30cm 长的 PVC 滤管，表面打眼成网状，并用土工布滤纸捆好，防止抽气时土粒进入；把导管放入 PVC 滤管中用密封膜捆住两头并胶好，防止两端漏气，埋入砂垫层中；把导管的另一端拉到测点处，与真空表连接，连接处必须完全密封，并沿路线导线埋入砂垫层中，防止损坏。

真空度上升阶段，每 2h 观测一次；真空度达到设计要求值阶段，每 4h 观测一次；真空度出现波动时，应仔细检查分析原因，是否是连接处漏气或者密封膜被破坏，并应采取应对措施量测真空度见图 4-2。

4.8.3 条要点说明

一般工程在预压结束后，应进行十字板剪切强度或标贯、静力触探试验。但重要建筑物地基应进行承载力检验。如设计有明确规定应按设计要求进行检验。检验深度不应低于设计处理深度，且验收检验应在卸载 3d～5d 后进行。

4.8.4 条要点说明

根据建筑工程的实际情况，本标准修订时，组织参编单位对各地预压地基质量检验标准进行了实测调研。根据调研情况，并结合近年来建筑工程的发展与变化，对本标准中表 4.8.4 进行了适当的调整，主要调整如表 4-12 所示：

1. 偏差值的调整

偏差值的调整 **表 4-12**

项目	旧规范允许偏差	新标准允许偏差值	变化情况
竖向排水体插入深度	±200mm	+200mm 0	适当提高
竖向排水体高出砂垫层距离	不小于 200mm	不小于 100mm	合理放松

2. 主控项目与一般项目的调整

（1）主控项目：新增地基承载力，处理后地基土的强度、变形指标。原主控项目中预压荷载及固结度改为一般项目。

1）复合地基承载力检测主要使用静载试验，具体可参见《岩土工程勘察规范》GB 50021 中 10.2 节。

复合地基静载试验用于测定承压板下应力主要影响范围内复合土层的承载力和变形参数。复合地基载荷试验承压板应具有足够刚度。单桩复合地基载荷试验的承压板可用圆形或方形。面积为一根桩承担的处理面积；多桩复合地基载荷试验的承压板可用方形或矩形，其尺寸按实际桩数所承担的处理面积确定。桩的中心（或形心）应与承压板中心保持一致，并与荷载作用点相重合。

加载等级可分为 8～12 级。最大加载压力不应小于设计要求压力值的 2 倍。每加一级荷载前后均应各读记承压板沉降量一次，以后每 0.5h 读记一次。当 1h 内沉降量小于 0.1mm 时，即可加下一级荷载。

当出现下列现象之一时可终止试验：

① 沉降急剧增大，土被挤出或承压板周围出现明显的隆起；

② 承压板的累计沉降量已大于其宽度或直径的 6%；

③ 达不到极限荷载，而最大加载压力已大于设计要求压力值的 2 倍时。

试验点的数量不应少于 3 点，当满足其极差不超过平均值的 30%时，可取其平均值为复合地基承载力特征值。

2）对土处理后地基土的强度常使用直剪仪或三轴压缩仪进行检测。

（2）一般项目：新增水平位移及砂垫层材料的含泥量两项。

1）含泥量（粒径小于 0.075mm 的细颗粒）小于 5%，渗透系数不低于 2×10^{-2}cm/s，垫层材料的干密度应大于 1.5g/cm^3，保证水平排水效果。

含泥量试验一般采用水洗法来测定天然砂中粒径小于 0.075mm 的尘屑、淤泥和黏土的含量，对于人工砂、石屑等矿粉成分较多的细集料可采用水洗法进行检测。

2）土体水平位移是控制场地填筑速率的重要参数。由于真空预压使场地中心形成负压区，即相当于土体上施加了围压，此时侧向位移表现为向场地中心移动的趋势，有利于填土稳定。而在堆载预压加固填土时，水平位移主要是作为控制加荷速率、保证堆载安全的控制指标。

在测试时保证测斜仪反转 180°，重新测试一遍，以消除仪器的误差；测量稳定后测斜管的初始位置，所测结果视为基准值记入测试记录表；观测频率视加固方案而定，通常与表面沉降观测一致。

3. 软土地基的失稳通常是从局部剪切破坏发展到整体剪切破坏，其间需要有数天时间。因此，在预压地基施工过程中对地基沉降、边桩位移、孔隙水压力等观测资料进行综合分析，研究它们的发展趋势是十分必要的。

应对预压的地基土进行原位试验和室内土工试验。加固后地基排水竖井处理深度范围内和竖井底面以下受压土层所完成的竖向变形和平均固结度应满足设计要求。对于以抗滑稳定性控制的重要工程，应在预压区内预留孔位，在堆载不同阶段进行原位十字板剪切试验和取土，进行室内土工试验。根据试验结果验算下一级荷载地基的抗滑稳定性，同时也检验地基处理效果。

在预压期间应及时整理竖向变形与时间、孔隙水压力与时间等关系曲线，并推算地基的最终竖向变形、不同时间的固结度以分析地基处理效果，并为确定卸载时间提供依据。地基中不同深度处的固结度可根据实测超孔隙水压力随时间的变化曲线进行确定，地基总固结度可按地基表面不同时间实测变形量与利用实测变形与时间关系曲线推算的最终竖向变形量之比确定，或利用实测变形与时间关系曲线按以下公式推算最终竖向变形量 s_f 和参数 β。

$$s_f = \frac{s_3(s_2 - s_1) - s_2(s_3 - s_2)}{(s_2 - s_1) - (s_3 - s_2)} \tag{4-1}$$

$$\beta = \frac{1}{t_2 - t_1}\ln\frac{s_2 - s_1}{s_3 - s_2} \tag{4-2}$$

式中，s_1、s_2、s_3 为加荷停止后时间 t_1、t_2、t_3 相应的竖向变形量，并取 $t_2 - t_1 = t_3 - t_2$。停荷后预压时间延续越长，推算的结果越可靠。有了 β 值，即可计算出受压土层的平均固结系数，可计算出任意时间的固结度。

利用加载停歇时间的孔隙水压力 u 与时间 t 的关系曲线按下式可计算出参数 β。

$$\frac{u_1}{u_2} = e^{\beta(t_2 - t_1)} \tag{4-3}$$

式中　u_1、u_2 为相应时间 t_1、t_2 的实测孔隙水压力值。按式（4-3）计算得到的 β 值反映了孔隙水压力测点附近土体的固结速率，而按式（4-2）计算的 β 值则反映了受压土层的平均固结速率。

4.9　砂石桩复合地基

条文说明

因振冲地基是砂石桩地基中的一种，故本次标准修订将振冲地基与砂石桩地基合并。

4.9.1 条要点说明

砂石桩复合地基砂石料应满足《建设用砂》GB/T 14684 和《建设用卵石、碎石》GB/T 14685 中的相关要求。

含泥量试验一般采用水洗法来测定天然砂中粒径小于 0.075mm 的尘屑、淤泥和黏土的含量，对于人工砂、石屑等矿粉成分较多的细集料可采用水洗法进行检测。

对电流表和电压表的检定和校准可参见《弹性元件式一般压力表、压力真空表和真空表检定规程》JJG 52。

4.9.2 条要点说明

不同的施工机具及施工工艺用于处理不同的地层会有不同的处理效果，施工前在现场的成桩试验具有重要的意义。通过工艺性试成桩可以确定施工技术参数，数量不应少于 2 根。

在开孔过程中，要记录振冲器各深度的电流值和时间。电流值的变化能定性地反映出土的强度变化。若孔口不返水，应加大供水量，并记录造孔时的电流值、造孔的速度及返水的情况。

4.9.3 条要点说明

施工后，应间隔一定时间方可进行质量检验（图 4-3)，间歇时间在各类地基规范中均有规定。具体可由设计人员根据实际情况确定。

振冲处理后的地基竣工验收时，根据是否加填料等具体情况，应按下列要求进行检验：

(1) 承载力检验应采用复合地基静载试验；

(2) 复合地基载荷试验检验数量不应少于总桩数的 0.5%，且每个单体工程不应少于 3 点；

(3) 不加填料振冲加密处理的砂土地基，竣工验收承载力检验应采用标准贯入、动力触探、载荷试验或其他合适的试验方法。检验点应选择在有代表性或地基土质较差的地段，并位于振冲点围成的单元形心处及振冲点中心处。检验数量可为振冲点数量的 1%，总数不应少于 5 点。

图 4-3 质量检验

4.9.4 条要点说明

根据建筑工程的实际情况，本标准修订时，组织参编单位对各地砂石桩复合地基质量检验标准进行了实测调研。根据调研情况，并结合近年来建筑工程的发展与变化，对本标准表 4.9.4 进行了适当的调整。

1. 偏差值的调整（表 4-13）

偏差值的调整 **表 4-13**

项目	旧规范允许偏差	新标准允许偏差值	变化情况
孔深	±200mm	不小于设计值	适当提高
桩位	≤50mm	≤0.3D	适当提高
密实电流	按不同地质情况 40A～55A	设计值	适当提高
砂料的含泥量	≤3%	≤5%	合理放松
桩顶标高	±150mm	不小于设计值	适当提高

2. 主控项目与一般项目的调整

（1）主控项目：新增桩体密实度、填料量；孔深由原一般项目调整为主控项目；考虑到地基强度较为笼统，因此对原砂石桩地基中主控项目地基强度予以删除。

（2）一般项目：新增桩间土强度、留振时间；删除原砂石桩地基中一般项目中的垂直度；删除原振冲地基一般项目中的振冲器喷水中心与孔径中心偏差和桩体直径。

① 对桩间土强度检查可采用标准贯入试验（图 4-4），桩间土质量的检测位置应在等边三角形或正方形的中心，因为该处挤密效果较差，只要该处挤密达到要求，其他位置就一定会满足要求。此外，由该处检测的结果还可证明桩间距是否合理。检验深度不应小于处理地基深度。

图 4-4　标准贯入试验

② 只有让振冲器在固定深度上振动一定时间（称为留振时间）而电流稳定在某一数值，这一稳定电流才能代表填料的密实程度，要求稳定电流值大于规定的密实电流值，该段桩体才算顺利制作完毕。

填料量、密实电流和留振时间三者实际上是相互联系的。只有在一定的填料量的情况下，才可能达到一定的密实电流，而这时也必须要有一定的留振时间，才能把填料挤紧振密，因此在一般项目中增加留振时间。

4.10　高压喷射注浆复合地基

条文说明

4.10.1 条要点说明

高压喷射注浆材料宜采用普通硅酸盐水泥。在特殊条件下亦可使用矿渣水泥、火山灰质水泥或抗硫酸盐水泥，要求新鲜无结块。所用外加剂及掺合料的数量应通过试验确定。

水泥使用前须做质量鉴定，搅拌水泥浆所用水应符合混凝土拌合用水的标准，使用的水泥都应过筛，制备好的浆液不得离析，拌制浆液的筒数、外加剂的用量等应有专人记录。外加剂和掺和料的选用及掺量应通过室内配比试验或现场试验确定。水泥浆液的水胶比越小，高压喷射注浆处理地基的强度越高，但水胶比也不宜过小，以免造成喷射困难。

对电流表和电压表的检定和校准可参考《弹性元件式一般压力表、压力真空表和真空表检定规程》JJG 52 的规定。

4.10.2 条要点说明

增加喷射水量和水压力可增加固结体的有效长度，但水量大浆液会被稀释，使冒出的浆液增加。因此，应选用水量和工作压力适宜的高压泵。

提升速度不仅关系到固结体的充填均匀性及密实性，而且影响固结体的有效长度，是确保施工质量的非常重要的因素。提升速度过快，则有效长度过短，且影响墙体的密实度，过慢则耗用浆液量太多。

4.10.3 条要点说明

桩体质量及承载力检验应在施工结束后 28d 进行。

高压喷射注浆复合地基每个单位工程不少于 3 点，$100m^2$ 以上，每 $100m^2$ 抽查 1 点；$3000m^2$ 以上，每 $300m^2$ 抽查 1 点；独立柱每柱 1 点，基槽每 20 延米 1 点。注浆后 15d（砂土、黄土）或 60d（黏性土）检验。检查孔数总量的 2%～5%，不合格率＜20%。否则，应进行二次注浆。检查后形成施工记录或检验报告。

4.10.4 条要点说明

根据建筑工程的实际情况，本标准修订时，组织参编单位对各地高压喷射注浆复合地基质量检验标准进行了实测调研。根据调研情况，并结合近年来建筑工程的发展与变化，对本标准表 4.10.4 进行了适当的调整。

1. 偏差值的调整（表 4-14）

偏差值的调整 **表 4-14**

项目	旧规范允许偏差	新标准允许偏差值	变化情况
钻孔垂直度	≤1.5%	≤1/100	适当提高

2. 主控项目与一般项目的调整

（1）主控项目：新增桩长和单桩承载力；修改原桩体强度或完整性检验为桩身强度；删除水泥及外掺剂质量。

① 对复合地基承载力和单桩承载力的检测主要采用静载试验，方法主要有：锚桩法、堆载法和使用锚桩压重联合反力装置（图 4-5）。

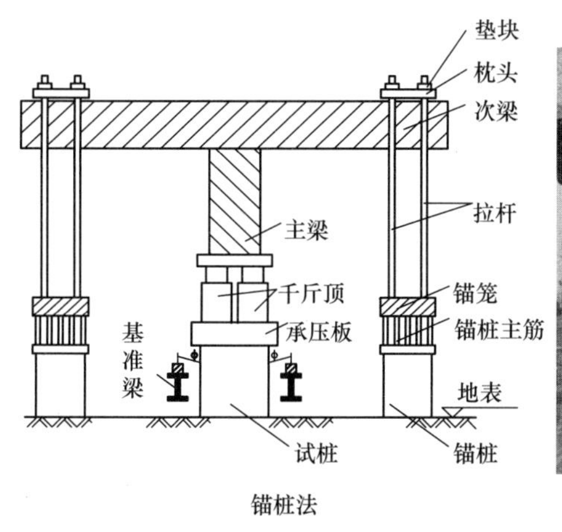

锚桩法

堆载法

图 4-5 静载试验（一）

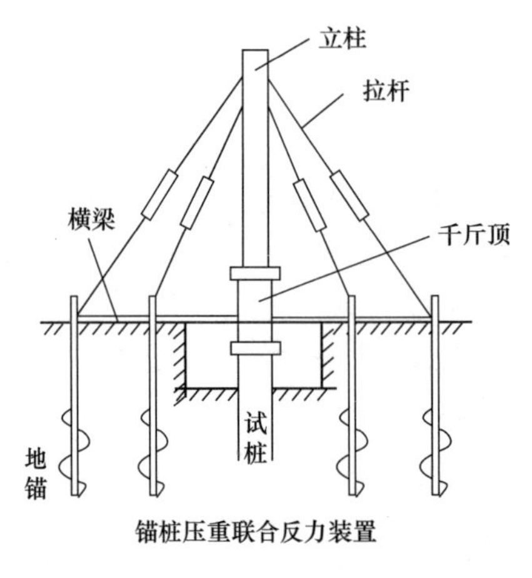

图 4-5 静载试验（二）

② 桩身强度质量检测宜采用钻孔取芯 28d 试块强度的方法。检查点的数量不宜少于施工桩数的 1%，且不少于 5 点。

为保证试块尺寸，钻孔直径不宜小于 108mm。钻取芯样应立即密封并及时进行无侧限抗压强度试验。每根桩取芯数量：在连续钻取的全桩范围内的不同深度和不同土层桩芯上取不少于 5 点，钻孔取芯完成后的空隙应及时注浆填充。

当采用钻芯法对桩身强度进行检测发现桩身存在缺陷时，若桩体直径较大，仅从一个抽芯钻孔无法判断缺陷面积及深度，可采用在以桩中心为圆心，按每 60°布置一个钻孔的方法在桩身上按钻芯法钻 6 个孔，同时在桩中心位置钻 1 个孔，这样，在桩身共钻有 7 个孔；终孔的原则是在缺陷部位以下抽取到 1m 以上连续、完整的混凝土芯样；根据 7 个钻孔的钻探情况，可进一步查明缺陷面积及深度。

（2）一般项目：新增桩顶标高、提升速度、旋转速度和褥垫层夯填度；原桩身中心允许偏差现用桩位表示；删除孔深和桩体搭接两项。

褥垫层夯填度指夯实后的褥垫层厚度与虚铺厚度的比值，使用水准仪进行测量。

4.11 水泥土搅拌桩复合地基

条文说明

4.11.1 条要点说明

施工前除了检查水泥及外掺剂的质量、桩位等，还应对搅拌机工作性能及各种计量设备进行检查，计量设备主要是水泥浆流量计及其他计量装置的正确安装和标定情况。

在施工过程中，通过水泥浆流量计显示屏反映出注浆量多少，操作人员根据数据及时调整，使注浆量符合不同类型搅拌桩要求，规范操作，能确保成桩质量且节约成本，因此对计量设备进行校准显得尤为重要。

4.11.2 条要点说明

施工期间应严格进行每项工序的质量管理，每根桩都应有完整的施工记录，并进行抽查。施工过程中应做好资料的记录与整理，主要记录内容如下：

（1）拌制水泥浆液的罐数、水泥和外掺剂用量以及泵送浆液的时间等应有专人记录，喷浆量及搅拌深度应采用经国家计量部门认证的监测仪器进行自动记录。

(2) 搅拌机喷浆提升的速度和次数应符合施工工艺要求，应有专人记录搅拌机每米下沉或提升的时间，深度记录误差不得大于 100mm，时间记录误差不应大于 5s。桩位偏差不是定位偏差，一般来说，为了保证桩位偏差在 50mm 以内，需要保证定位偏差在 20mm 以内。桩位偏差在 50mm 以内，垂直度偏差在 1/100 之内是施工单位经过努力可以达到的，在桩头搭接 200mm 时，大体可以确保 10m～15m 长度范围内相邻桩有较好的搭接。

应严格控制喷浆、提升速度不能过大，现行机械设备一般应控制在 0.6m/s～0.9m/s。对三上三下的工艺，最后一次复搅提升速度为 0.5m/s 左右。监理人员在旁站监理时应严格控制每根搅拌桩的施工时间，不得低于设计要求的最小时间。同时，还应确保在两喷两搅的过程中，水泥用量充足，避免出现空搅的现象，这样水泥搅拌桩的施工质量才能得到很好的保证。

施工桩长的控制有两种方法，一种是刻度盘读数控制法。另一种是钻杆标线控制法。施工中应采用两种方法并行，相互核对，以防仪器失灵引起的错误。

4.11.3 条要点说明

① 水泥土搅拌桩成桩 7d 后，可采用小锤等轻便工具进行浅部开挖桩头，检验桩位、桩数与桩顶质量（图 4-6）。目测检查桩顶是否齐平，间距是否均匀，桩体是否圆匀，有无缩颈或回陷现象。此外，还应测量成桩直径，发现问题及时上报并采取补救措施。

② 成桩 28d 后，采用钻孔取芯的方式抽取芯样，并送试验室作 28d 龄期的无侧限抗压强度。每 3 个一组，同时还应留一组作 90d 无侧限抗压强度，以检查其完整性、桩土搅拌的均匀程度和整体强度，检测桩数应为总桩数的 5%。

③ 水泥搅拌桩作为复合地基处理方法之一，还应在成桩 90d 后，采用现场载荷板试验进行复合地基承载力检测，检测桩数为总桩数的 0.3%，且不小于 3 根。

图 4-6　水泥土搅拌桩加固体检验

4.11.4 条要点说明

根据建筑工程的实际情况，本标准修订时，组织参编单位对各地水泥土搅拌桩复合地基质量检验标准进行了实测调研。根据调研情况，并结合近年来建筑工程的发展与变化，对本标准表 4.11.4 进行了适当的调整。

1. 偏差值的调整（表 4-15）

偏差值的调整 **表 4-15**

项目	旧规范允许偏差		新标准允许值或允许偏差值		变化情况
	单位	数值	单位	数值	
提升速度	≤0.5m/min		设计值		适当提高
桩顶标高	mm	−50～+100	mm	±200	合理放松
桩位	mm	<50	条形基础边桩沿轴线	≤1/4D	适当提高
			垂直轴线	≤1/6D	
			其他情况	≤2/5D	

2. 主控项目与一般项目的调整

（1）主控项目：新增单桩承载力、搅拌叶回转直径和桩长。删除水泥及外掺剂质量。

（2）一般项目：新增下沉速度、导向架垂直度和褥垫层夯填度，删除搭接、垂直度、桩底标高和桩位偏差四项控制项目。

① 因在保证桩位准确的前提下，就能保证搭接及桩位偏差达到要求，所以本标准对此两项控制指标进行删除。

② 因在保证桩长、导向架垂直度和桩顶标高的前提下，桩底标高和垂直度就能得到满足，本标准对此二项控制指标进行删除。

③ 在施工过程中需保证全过程有人员旁站，记录搅拌桩机的下沉上升距离和时间等参数。

④ 对于桩长的检测须在施工前丈量钻杆长度，并标上显著标志，以便掌握钻杆钻入深度、复搅深度，保证设计桩长。

⑤ 褥垫层夯填度指夯实后的褥垫层厚度与虚铺厚度的比值，使用水准仪进行测量。

4.12 土和灰土挤密桩复合地基

条文说明

4.12.1 条要点说明

根据表 4.12.4 对土和灰土挤密桩复合地基的石灰及土的质量主要检验指标有：土料的有机质含量、含水量、石灰粒径。

对于测定有机质含量采用的灼烧减量法是指土在 600℃烧灼至恒量时，所失去质量与干试样质量之比，以百分数表示，用以估计土中有机质含量。具体可参照《固体废物有机质的测定灼烧减量法》HJ 761。

最优含水量是指在一定功能的压实（或击实、或夯实）作用下，能使填土达到最大干密度（干容量）时相应的含水量。本试验须进行二次平行测定，取两次平行试验的平均值作为最优含水率。

4.12.2 条要点说明

成孔时（图 4-7），地基土的含水量一般应掌握在最优含水量±2%。如果过低，对生石灰块水解提供水分不足；若过高，则易缩颈或成桩后桩芯软化。

对于桩孔深度的检查，可检查桩管上是否焊有尺寸标志。应从桩管与桩尖焊接处量起，每隔 50cm 焊上尺寸标志，即 0.5m、1m、1.5m、2m、2.5m、3m、3.5m……直至桩帽下 50cm 止，以便随时检查桩管入土深度情况。

现场见证是施工单位试验员对桩体分层取样、深度、数量、试验、做记录的全过程，并在打桩图上的桩位圆圈（O）用红铅笔涂红，表示见证取样检验桩。

图 4-7　冲击法成孔

4.12.3 条要点说明

复合地基承载力检测主要使用静载试验，具体可参见《岩土工程勘察规范》GB 50021 中 10.2 节。

4.12.4 条要点说明

根据建筑工程的实际情况，本标准修订时，组织参编单位对各地土和灰土挤密桩复合地基质量检验标准进行了实测调研。根据调研情况，并结合近年来建筑工程的发展与变化，对本标准表 4.12.4 进行了适当的调整，主要调整如下：

1. 偏差值的调整（表 4-16）

偏差值的调整　　**表 4-16**

项目	旧规范允许偏差	新标准允许偏差值	变化情况
桩长	+500mm	不小于设计值	适当提高
桩径	−20mm	+50mm 0	合理放松
桩位偏差	满堂布桩≤0.40D 条基布桩≤0.25D	条基边桩沿轴线≤1/4D 垂直轴线≤1/6D 其他情况≤2/5D	适当提高
垂直度	≤1.5%	≤1/100	适当提高

2. 主控项目与一般项目的调整

（1）主控项目：新增桩体填料平均压实系数；将桩径调整为一般项目；删除桩体及桩

间土干密度。

原规范主控项目桩体及桩间土满足设计要求，本次修订改为桩体填料平均压实系数不小于 0.97，其中压实系数最小值不应低于 0.93。垫层可采用粗砂或碎石，亦可采用灰土。当采用粗砂或碎石做垫层时，其夯填度应小于等于 0.9；当采用灰土做垫层时，其压实系数应不小于 0.95。一般项目桩位允许偏差修改为，对于条形基础的边桩沿轴线方向应为桩径的±1/4，沿垂直轴线方向应为桩径的±1/6，其他情况应为桩径的 40%。若土和灰土挤密桩用于消除地基湿陷性，地基承载力可不作为主控项目。

（2）一般项目：新增砂、碎石褥垫层夯填度，桩顶标高，含水量，灰土垫层压实系数。

褥垫层夯填度指夯实后的褥垫层厚度与虚铺厚度的比值，使用水准仪进行测量。

4.13 水泥粉煤灰碎石桩复合地基

条文说明

4.13.1 条要点说明

对原材料的检验主要是检查产品的合格证书并进行抽样送检。搅拌用水应符合《混凝土用水标准》JGJ 63 的相关规定。

4.13.2 条要点说明

坍落度试验的要求可参照《普通混凝土拌合物性能试验方法标准》GB/T 50080 进行。

粉煤灰掺量和坍落度控制，主要是考虑保证施工中混合料的顺利输送。坍落度太大，易产生泌水、离析，且泵压作用下骨料与砂浆易分离，导致堵管；坍落度太小，混合料流动性差，也容易造成堵管。

4.13.3 条要点说明

复合地基承载力检测主要使用静载试验，具体可参见《岩土工程勘察规范》GB 50021—2001 中 10.2 节。

复合地基载荷试验用于测定承压板下应力主要影响范围内复合土层的承载力和变形参数。复合地基载荷试验承压板应具有足够刚度。单桩复合地基载荷试验的承压板可用圆形或方形，面积为一根桩承担的处理面积；多桩复合地基载荷试验的承压板可用方形或矩形，其尺寸按实际桩数所承担的处理面积确定。桩的中心（或形心）应与承压板中心保持一致，并与荷载作用点相重合。

试验前应采取措施，防止试验场地地基土含水量变化或地基土扰动，以免影响试验结果。

加载等级可分为 8～12 级。最大加载压力不应小于设计要求压力值的 2 倍。

每加一级荷载前后均应各读记承压板沉降量一次，以后每 0.5h 读记一次。当 1h 内沉降量小于 0.1mm 时，即可加下一级荷载。

当出现下列现象之一时可终止试验：

（1）沉降急剧增大，土被挤出或承压板周围出现明显的隆起；

（2）承压板的累计沉降量已大于其宽度或直径的 6%；

（3）当达不到极限荷载，而最大加载压力已大于设计要求压力值的 2 倍。

卸载级数可为加载级数的一半，等量进行，每卸一级，间隔 0.5h，读记回弹量，待卸完全部荷载后间隔 3h 读记总回弹量。

试验点的数量不应少于 3 点，当满足其极差不超过平均值的 30%时，可取其平均值为复合地基承载力特征值。

4.13.4 条要点说明

根据建筑工程的实际情况，本标准修订时，组织参编单位对各地水泥粉煤灰碎石桩复合地基质量检验标准进行了实测调研。根据调研情况，并结合近年来建筑工程的发展与变化，对本标准表 4.13.4 进行了适当的调整，主要调整如下：

1. 偏差值的调整（表 4-17）

偏差值的调整 **表 4-17**

项目	旧规范允许偏差	新标准允许偏差值	变化情况
桩长	+100mm	不小于设计值	适当提高
桩径	−20mm	+50mm 0	适当提高
桩位偏差	满堂布桩≤0.40D 条基布桩≤0.25D	条基边桩沿轴线≤1/4D 垂直轴线≤1/6D 其他情况≤2/5D	适当提高
垂直度	≤1.5%	≤1/100	适当提高

2. 主控项目与一般项目的调整

（1）主控项目：增加单桩承载力；桩长、桩身完整性由原来一般项目调整为主控项目；删除对原材料的检验。

对桩身完整性检验主要采用低应变法，具体操作方法可参考《建筑基桩检测技术规范》JGJ 106 中第 8 章内容。

CFG 桩属于半柔性桩，由于 CFG 桩桩身强度较低，在场地内有大型机械作业时，常因为机械挤压土体造成 CFG 桩桩身浅部产生断裂，此种情况的小应变实测信号常体现为曲线入射脉冲较宽，呈现大摆幅震荡，在实际测试中应注意此列信号和正常信号的区分。此外由于 CFG 桩成桩工艺的原因，桩身深部有时会发生局部断裂的情况，但由于信号的衰减在小应变实测曲线中该缺陷反射波并不明显，此时应结合实际施工情况来综合判定桩身完整性类别。当 CFG 桩存在明显缺陷时，须严格按照规范规定进行双倍扩检。同时，对于问题桩，采用静载法、钻芯法或直接开挖验证。

（2）一般项目：新增桩顶标高、混合料坍落度和混合料充盈系数。

大量工程实践表明，混合料坍落度过大，会形成桩顶浮浆过多，桩体强度也会降低，因此须严格控制混合料坍落度。

4.14 夯实水泥土桩复合地基

条文说明

4.14.1 条要点说明

对原材料的检验主要是检查产品的合格证书或进行抽样送检。主要制作水泥试块进行抗折强度和抗压强度试验，具体操作可参考《水泥胶砂强度检验方法（ISO 法）》GB/T 17671。

对土料的质量主要是对土料的有机质含量和最优含水量进行检测，具体可参见 4.12.1 条要点说明。

4.14.2 条要点说明

在搅拌桩施工中，须检查的施工记录包括下列内容：

施工桩号，施工日期，天气情况；搅拌机下沉或提升每米的时间，供浆与停浆时间，钻进深度，停浆面标高等以及每根桩所用水泥浆总量等。

4.14.3 条要点说明

褥垫层夯填度指夯实后的褥垫层厚度与虚铺厚度的比值。

4.14.4 条要点说明

根据建筑工程的实际情况，本标准修订时，组织参编单位对各夯实水泥土桩复合地基质量检验标准进行了实测调研。根据调研情况，并结合近年来建筑工程的发展与变化，对本标准表 4.14.4 进行了适当的调整，主要调整如下：

1. 偏差值的调整（表 4-18）

偏差值的调整 **表 4-18**

项目	旧规范允许偏差	新标准允许偏差值	变化情况
桩长	+500mm	不小于设计值	适当提高
桩径	−20mm	+50mm 0	适当提高
桩位偏差	满堂布桩≤0.40D 条基布桩≤0.25D	条形基础边桩沿轴线≤1/4D 垂直轴线≤1/6D 其他情况≤2/5D	适当提高
垂直度	≤1.5%	≤1/100	适当提高

2. 主控项目与一般项目的调整

（1）主控项目：新增桩身强度，桩体填料平均压实系数；删除桩体干密度；将桩径调整为一般项目。

压实系数的检测采用环刀法，具体可参见 4.12.2 要点说明。

（2）一般项目：新增桩顶标高，删除水泥质量。

因对于水泥质量的检测在 4.14.1 条中已有体现，因此在表 4-18 中不再重复出现。

第5章 基础工程

概 述

本章“基础工程”对应原2002版规范的第五章“桩基础”一章，2002版规范中桩基础一章共分6小节，分别为：一般规定；静力压桩、先张法预应力管桩、混凝土预制桩、钢桩、混凝土灌注桩；此次2018修订版中，“基础工程”一章共分13个小节，在原有分节基础上，增添并细分了：无筋扩展基础、钢筋混凝土扩展基础、筏形与箱形基础、泥浆护壁成孔灌注桩、干作业成孔灌注桩、长螺旋钻孔压灌桩、沉管灌注桩、锚杆静压桩、岩石锚杆基础、沉井与沉箱。2018修订版比2002版本更为细化具体，弥补了2002版本仅有“桩基础”的单一性。

2002版中第五章“桩基础”中有3处强制性条文，原5.1.3条、原5.1.4条和原5.1.5条。此次2018修订版中，将原5.1.3条强制性取消，修改为现2018版中的5.1.2条，对预制桩（钢桩）的桩位允许偏差要求，列为一般项目控制，允许其有20%的不合格率，《建筑桩基技术规范》JGJ 94中对桩位允许偏差与本规范2002版本一致，尚存在不妥的地方。2018版修订时，对于承台桩，将“桩数大于16根桩基中的桩”一项取消，统一修改为“桩数大于等于4根桩基中的桩的允许偏差为≤1/2桩径$+0.01H$或1/2边长$+0.01H$”避免理解歧义。

2002版中，5.1.4条此次修订时将其拆解分开，取消对平面位置、垂直度等的强制性，强制性保留一部分，成为2018修订版中唯一一条强制性条文。对于桩顶标高、桩底清孔质量等应根据不同工艺要求，按本标准各章节的有关规定执行，无需进行强制性规定。对于灌注桩混凝土的检验数量本次修订继续为强制性条文，修改为“灌注桩混凝土强度检验的试件应在施工现场随机抽取。来自同一搅拌站的混凝土，每浇筑$50m^3$必须至少留置1组试件；当混凝土浇筑量不足$50m^3$时，每连续浇筑12h必须至少留置1组试件。对单柱单桩，每根桩应至少留置1组试件”。由于不同地区地质的复杂性，特别是对于岩层埋深较浅、起伏较大的区域，灌注桩试件存在留置数量较多情况，给各方在执行规范条文时带来一定的困难，编制组经常收到施工单位的咨询函件。此次修订后，对于留置数量进行了明确规定，并强制执行。

2002版中，第5.1.5条前半句“工程桩应进行承载力检验”，此次2018修订版中将其列为一般条款，不做强制性规定，修改为“工程桩应进行承载力和桩身完整性检验”，增加了对于桩身完整性的要求。从后续章节的表格中可以看出，虽然取消了对其的强制性要求，但是承载力和桩身完整性均被列入了主控项目，要求100%达标。

此次2018修订版中对承载力及桩身完整性的检查方法给出指导规定，2002版中都是“按基桩检测技术规范”，此次修订更为明确。特别是桩身完整性检验，静压桩、沉管灌注桩与泥浆护壁成孔灌注桩及干作业成孔灌注桩都不尽相同。在《建筑桩基技术规范》JGJ 94中，虽对承载力和桩身质量检验做了强制性要求，但做什么样的承载力检验和桩身质量检验并未做强制规定。桩身质量的检验、方法较多，各地区甚至各单位都有不同的检验方法和习惯，本标准中规定应采用低应变法、钻芯法或声波透射法，还应根据不同工艺进行选用。

5.1 一般规定

条文说明

5.1.1 条要点说明

放线是建筑工程施工前的重要准备措施，它是按照设计要求配合施工进度测出地平面位置和标高。放线的准确与否对基础工程的位置、尺寸均有重要的影响，对建（构）筑物的最终质量有着重要的影响。基础放线的验收通常用经纬仪量或用钢尺量。一般来说，由施工单位放线测量技术人员施测纵横轴的交点，打木桩、钉钉子再用棉线（工程线）连成网状后，再对桩位点逐一丈量进行检查校对。可以采用交点平移量距法、丈量法进行点位尺寸检查，并由监理复核认可（图 5-1 和图 5-2）。

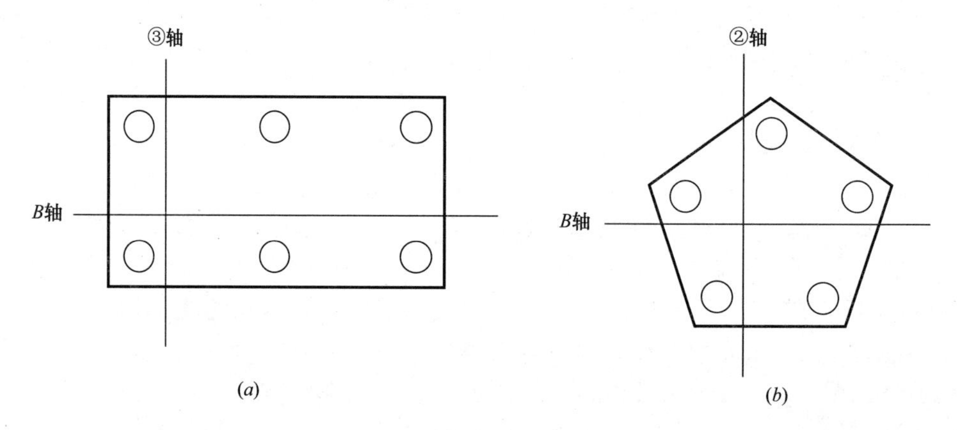

图 5-1 某承台下桩基工程采用交点平移量距法放线验收

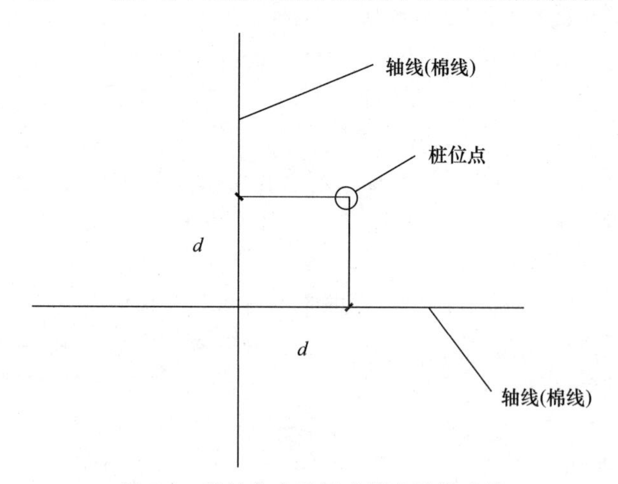

图 5-2 某桩位点采用丈量法放线验收

5.1.2 条要点说明

本标准考虑了桩长对承台桩桩位允许偏差的影响，与带有基础梁的桩相统一。倾斜桩的承载力变化主要与桩顶荷载、倾斜角度、桩身材料、土层性质、堆（卸）载的大小和位置等因素有关。在竖向荷载作用下，当倾斜角在一定范围内增加时，侧摩擦力减小，极限承载力略有下降，桩顶水平位移增大，但差别不大。倾斜角超过一定值时，区别才明显。本标准规定为倾斜角正切值的15%。

5.1.3 条要点说明

本条为本标准唯一的一条强制性条文。此次修订的标准比旧规范在强制性条文的层面减少了很多，这符合我国标准发展的趋势。现阶段，我国的强制性标准总体上来说数量多、分散于各个规范中、颁布时间有先后，其规定内容有重合的也有冲突的。在施工检查、监督执法的过程中，这种情况不利于强制性条文的权威性、实用性。未来我国的强制性条文会精简化、稳定化，监督执行力度会越来越大。

本条是在原规范的基础上，考虑到目前灌注桩的直径和深度均有所增加，原规范检查数量较多，此次修订将不足$50m^3$（单柱单桩除外）的桩的检验数量改为每浇筑12h，必须留置1组混凝土强度试件，数量有所降低。

5.1.4 条要点说明

灌注桩的桩径直接影响灌注桩的侧摩阻力和端阻力，对灌注桩承载力有着重要的影响。

垂直度对桩的承载力也会产生一定的影响。根据相关文献的记载，当垂直度不大于1/100时，桩的承载力影响系数较小；当垂直度大于1/100时，桩的承载力影响系数陡然增大，因此本标准将垂直度允许偏差规定为1/100，另外垂直度不足会对桩间净距产生影响，施工过程中容易出现碰桩问题。

对桩基承台而言，桩位的偏差会增加部分桩的竖向荷载，对桩身承载力是一个考验。

5.1.5 条要点说明

工程桩的承载力和桩身完整性对上部结构的安全稳定具有至关重要的意义。承载力检验是检验桩抗压或抗拔承载力是否满足设计值，通常采用静载试验确定；桩身完整性检验是检验桩身是否存在缩颈、夹泥、空洞、断裂等缺陷，通常采用钻芯法、低应变法、声波透射法等方法。

5.1.6 条要点说明

本条按设计等级对桩基承载力进行了规定，静载试验相较于高应变法检测竖向抗压承载力更直接可靠，因此对于设计等级甲级的桩基，要求采用静载试验进行检测。

5.1.7 条要点说明

工程桩的桩身完整性对工程桩的承载力有着重要的影响，比如缩颈桩，在缩颈处桩体与土接触不够紧密，一般用低应变法进行检测。

5.2 无筋扩展基础

条文说明

5.2.1 条要点说明

在砌体结构工程施工中，砌筑基础前放线是确定建筑平面尺寸和位置的基础工作，通过校核放线尺寸，达到控制放线精度的目的。

放线尺寸校核的工作应该从审核施工测量方案开始，在方案中应对施工测量工作提出预案性的要求，以做到防患于未然。校核的依据应原始、正确、有效；校核用的测量仪器与钢尺必须按照计量法规定进行检定和检校；校核的工作须独立，校核的精度应符合规范要求。

5.2.2 条要点说明

砌筑质量要求主要包括砖基础的错缝要求、留槎要求以及砌体基础的搭接要求等。

一般而言，无筋扩展基础为刚性基础，地基底部无法承受过大弯矩，当施工质量不到位时，会造成基础底部偏心距过大进而受弯破坏。

砂浆强度应满足设计要求，若强度不足将会影响结构的安全性及可靠性，导致工程质量的问题（图 5-3）。冬期施工砂浆试块的留置，除应按常温规定要求外，尚应增加 1 组与砌体同条件养护的试块，用于检验转入常温 28d 的强度。如有特殊需要，可另外增加相应龄期同等条件下养护试块。

砌体工程所用材料应具有质量证明书（或产品合格证书），并符合设计要求。砖、BM 砌块、砂石、砌筑砂浆、钢材及外加剂等的质量证明书（或产品合格证书）是工程质量评定中必须具备的质量保证资料之一。有复试要求的材料应在复试合格后方可使用。需要复试的材料一般有砖、砌块、水泥、钢材、外加剂、砂、石等。水泥出厂期超过 3 个月（快硬硅酸盐水泥不超过 1 个月）时，应经试验鉴定，按其试验结果使用。

图 5-3　砂浆强度不足，砌块间出现裂缝

5.2.3 条要点说明

根据现行国家标准《普通混凝土力学性能试验方法标准》GB/T 50081 的规定，混凝土强度通过立方体抗压强度试验确定，强度值的确定应符合下列规定：

1）三个试件测值的算术平均值作为该组试件的强度值（精确至 0.1MPa）；

2）三个试件测值中的最大值或最小值中如有一个与中间值的差值超过中间值的 15％时，则把最大及最小值一并舍除，取中间值作为该组试件的抗压强度值；

3）如最大值和最小值与中间值的差均超过中间值的 15％，该组试件的试验结果无效。

5.2.4 条要点说明

本条参考了现行国家标准《砌体结构工程施工质量验收规范》GB 50203 的规定，影响砌体基础施工质量的因素主要包括：

1. 原材料质量（砌块、水泥、砂、石子、水、石灰膏、外加剂、拉结钢筋等）；

2. 砌筑砂浆质量（砂浆种类、配合比设计、材料计量准确性、搅拌方式及制度、砂浆稠度控制、砂浆拌制后到使用的间隔时间等）；

3. 砌筑轴线位置及几何尺寸（铺浆长度、灰缝厚度、错缝、通缝、斜槎留置、尺寸）

另外，对于素混凝土基础，还应对混凝土的强度进行检验。

对于砌体尺寸、砂浆质量，若没有定期进行检查和校正，甚至在砂浆终凝后才进行校正，会造成砌块与砂浆的粘结受到破坏，影响到砌体的整体性和承载力，达不到质量要求，甚至造成返工。根据岗位责任制随砌随检查，并定期进行校正，宜在砂浆初凝前进行，但最迟不得超过终凝时间。

本条砖、毛石基础质量验收参数与现行国家标准《砌体结构工程施工质量验收规范》GB 50203（以下简称“砌体验收规范”）基本一致。其中，“轴线位置”参考砌体验收规范第 5.3.3 条及 7.3.1 条，参数亦一致；混凝土及砂浆强度在砌体验收规范中为强制性条款，因此本标准在修订过程中结合实际的施工验收情况及专家的意见，认为强度性检查项目应作为主控项目来控制；$L(B)$ 等放线尺寸要求参考了砌体验收规范第 3.0.4 条，规范编制过程中认为，砌体验收规范中的参数是合理的，可以保证目前砌体施工尺寸的要求；基础顶面标高的规定，参考了砌体验收规范第 7.3.1 的规定。在检验方法中，砌体验收规范规定可采用“水准仪或尺检查”，本标准在修订过程中推荐采用精度更高的水准测量进行检查。

5.3 钢筋混凝土扩展基础

条文说明

5.3.1 条要点说明

无。

5.3.2 条要点说明

施工过程中的模板应符合下列要求：

1. 有足够的承载力、刚度和稳定性，能可靠地承受浇筑混凝土的重力、侧压力以及施工荷载；
2. 保证工程结构和构件各部位的形状尺寸以及相互位置正确；
3. 构造简单，装拆方便，便于钢筋的绑扎与安装、混凝土的浇筑与养护等工艺要求；
4. 接缝严密，不得漏浆；
5. 模板的控制应以保证混凝土浇筑后不变形和发生位移为目的。

钢筋现场检查主要包括：（1）纵向受力钢筋的品种、规格、数量、位置等；（2）钢筋的连接方式、接头位置、接头数量、接头面积百分率等；（3）箍筋、横向钢筋的品种、规格、数量、间距等；（4）预埋件的规格、数量、位置等。

预拌混凝土供应单位必须提供以下资料：配合比通知单、预拌混凝土出厂合格证。合格证应包括生产单位名称，工程名称，混凝土品种数量，使用部位，供货时间，原材料品种规格、复验编号等内容，并加盖供货单位公章。

预拌混凝土供应单位还应保证下列资料的可追溯性：试配记录、水泥出厂合格证和复验报告、砂和碎（卵）石复验报告、轻集料复验报告、外加剂和掺合料产品合格证和复验报告、开盘鉴定、混凝土抗压强度报告（出厂检验混凝土强度值应填入预拌混凝土出厂合格证)、抗渗试验报告(试验结果应填入预拌混凝土出厂合格证)、抗冻试验报告(试验结果应填入预拌混凝土出厂合格证)、混凝土坍落度测试记录等。

5.3.3 条要点说明

施工结束后,应对混凝土试块进行送检,检验报告应合格。混凝土轴线位置偏差不宜过大,过大会造成漏筋等问题的发生,且有可能影响后续梁柱等施工。

5.3.4 条要点说明

钢筋混凝土扩展基础是重要的受力构件,承担了上部结构传递的全部附加应力,因此强度应作为主控项目,一个验收批的混凝土应由强度等级相同、龄期相同以及生产工艺条件和配合比基本相同的混凝土组成。

本条中关于钢筋混凝土扩展基础"轴线位置"参数的规定参考了现行国家标准《混凝土结构工程施工质量验收规范》GB 50204(以下简称"混凝土验收规范")的规定,根据混凝土验收规范第 8.3.2 条的规定,整体基础轴线偏差为 15mm,独立基础轴线偏差为 10mm,本标准为了验收的便利性并结合施工实际,规定为 15mm;对于 $L(B)$ 放线尺寸的允许偏差参考了 5.2 节中素混凝土基础的要求,并且借鉴了混凝土验收规范第 8.3.2 条偏差(+15,−10)的规定。本条推荐的检查方法与混凝土验收规范规定的完全一致。

5.4 筏形与箱形基础

条文说明

5.4.1 条要点说明

无。

5.4.2 条要点说明

筏形与箱形基础为大体积混凝土基础,在施工过程中应对预留孔洞的位置进行检验复核,以免浇筑混凝土之后再做修改。

5.4.3 条要点说明

无。

5.4.4 条要点说明

本条中轴线位置及基础顶面标高的允许偏差与 5.3 节一致,这里就不再赘述。对于平整度、尺寸、预埋件、预留洞中心线位置,本条参考了现行国家标准《混凝土结构工程施工质量验收规范》GB 50204(以下简称"混凝土验收规范")的第 8.3.2 条及第 9.2.7 条的规定,具体对比可参见表 5-1。

本标准与混凝土验收规范相关验收参数对比 **表 5-1**

序号	检查项目	本标准的规定(mm)	混凝土验收规范的规定(mm)
1	平整度	≤10	≤8mm
2	尺寸	+15,−10	+15,−10
3	预埋件	10	对"预埋螺栓"、"预埋套筒"、"预埋板"进行了分别的规定,但均不大于 10mm,本标准 10mm 均可涵盖住
4	预留洞中心线位置	15	15

本条规定的检验方法与混凝土验收规范所规定的基本一致，对于平整度、尺寸、预埋件及预留洞中心线位置都可采用尺量的方法进行。

5.4.5 条要点说明

水泥水化过程中产生大量的热量，从而使混凝土内部温度升高，在浇筑温度的基础上，通常升高 35℃左右，如果浇筑温度为 28℃，则混凝土内部温度将达到 65℃左右。如没有降温措施或浇筑温度过高，混凝土内部的温度将会更高。混凝土内部的最高温度大约发生在浇筑后的 3d～5d，因为混凝土内部和表面的散热条件不同，所以混凝土中心温度高，表面温度低，形成温度梯度，造成温度变形和温度应力。当内外温度差过大，就会出现温度裂缝。

5.5 钢筋混凝土预制桩

条文说明

5.5.1 条要点说明

钢筋混凝土预制桩的构造尺寸（直径、桩长，对于空心桩还有壁厚）对钢筋混凝土预制桩的承载力有着重要的影响。钢筋混凝土预制桩外观质量应平整、密实，不应有裂纹、蜂窝、孔洞、折断和过大缺棱掉角、露主筋等缺陷，缺陷影响桩身的完整性，从而影响桩基承载力。

5.5.2 条要点说明

根据工程统计，施工过程中的断桩等现象主要出现在接桩处，因此对接桩质量的检验有着重要的意义。

锤击及静压的技术指标主要包括锤重、落距、压力、收锤标准，锤重、落距及压力反应了施工过程中的锤击能力和静压能力。收锤标准应根据设计要求，控制贯入度或标高。

5.5.3 条要点说明

在锤击或者静压过程中，容易出现断桩、开裂等现象，在施工完成后应进行桩身完整性检验。

5.5.4 条要点说明

对于预制桩焊接结束后的停歇时间，主要考虑到高温的焊缝遇地下水，如同淬火一样，焊缝容易变脆。原规范对静力压桩电焊结束后停歇时间规定为 1min，在实际验收过程中发现焊接位置出现质量问题较多，因此本标准在修订过程中征求专家意见，将静压预制桩电焊结束后停歇时间规定为 6min，锤击预制桩考虑到接头相较于静压预制桩质量较难控制，因此规定为 8min，当采用二氧化碳气体保护焊时，停歇时间为 3min，该项规定与现行行业标准《建筑桩基技术规范》JGJ 94 一致。

预制桩的桩顶标高延续了原规范±50mm 的规定，该规定考虑到在实际过程中目前施工的水平以及施工质量的控制要求，现场对该规定也无异议。

对于垂直度的控制，原规范对垂直度未做规定，考虑到垂直度的重要性，本标准在修订过程中参考了相关国家现行标准（包括《建筑桩基技术规范》JGJ 94）的规定，规定为 1/100，与其他规范保持一致。

在修订过程中将成品桩质量检测调整到一般检验项目，这主要考虑到在承载力、桩身完整性满足要求时，成品桩质量一般都是可以保证的。

5.6 泥浆护壁成孔灌注桩

条文说明

5.6.1条要点说明

施工前应检验灌注桩的原材料，主要包括钢筋、水泥、砂石、掺和料、外加剂、水等，混凝土原材料的质量对混凝土的质量有着重要的影响，施工前应检查原材料的检验合格证书（表5-2），同时还需要见证取样进行送检（图5-4）。

××工程 **表5-2**

承包单位：________ 合同号：________

监理单位：________ 编 号：________

商品混凝土出厂合格证、复试报告汇总表

序号	验收批号	报告日期	供应数量(m^3)	使用工程部位	产品设计要求			实测结果（MPa）		
					混凝度强度等级	抗折	抗渗	抗压强度（MPa）	抗折强度（MPa）	抗渗强度（MPa）
1	2013-QC-0396	2012.12.25	22	垫层Ⓐ-Ⓕ/①-⑨轴	C15			18.1		
2	2013-QC-0397	2012.12.28	8	接桩Ⓐ-Ⓕ/①-⑨轴	C35			42.9		
3	2013-QC-0398	2013.01.07	216	基础Ⓐ-Ⓕ/①-⑨轴	C35P6			42.4、43.0、42.7		
4	2013-QC-0398	2013.01.15	22	基础桩Ⓐ-Ⓕ/①-⑨轴	C35			41.9		
5	2013-QC-0396	2013.01.22	5	基础构造柱Ⓐ-Ⓕ/①-⑨轴	C35			42.9		
6	2013-QC-0399	2013.02.14	14	1号、2号主楼深坑	C25			31.3		
7	2013-QC-0400	2013.02.14	97	4.740m层梁板、柱	C35			42.9		
8	2013-QC-0400	2013.02.23	54	1.660m层梁板、柱	C35			41.7		
9	2013-QC-0401	2013.04.17	76	2.560m层梁板、柱	C35			41.7		
10	2013-QC-0402	2013.04.30	122	7.360m层梁板、柱	C35			42.2、42.6		

图5-4 钢筋见证取样

地下障碍物应查明，如有必要，施工前应清除。

5.6.2 条要点说明

成孔质量主要包括成孔的孔深、孔径等。孔深直接决定了桩长，孔径对桩径有着直接影响。

钢筋笼的制作质量主要包括钢筋的长度及间距。对于超长钢筋笼，钢筋笼焊接质量应符合要求，应具有一定的刚度，以免在钢筋笼吊装过程中出现较大的变形。

水下混凝土的浇筑相较于普通混凝土浇筑难度有所提高，施工过程中应对混凝土坍落度、充盈系数进行检查。

嵌岩桩属于端承桩，桩端总极限阻力与桩端的岩性与入岩深度紧密相关，应严格检查。

5.6.3 条要点说明

灌注桩施工过程中容易出现缩颈、夹泥等问题，施工完成后应对灌注桩桩身完整性进行检验（图 5-5）。

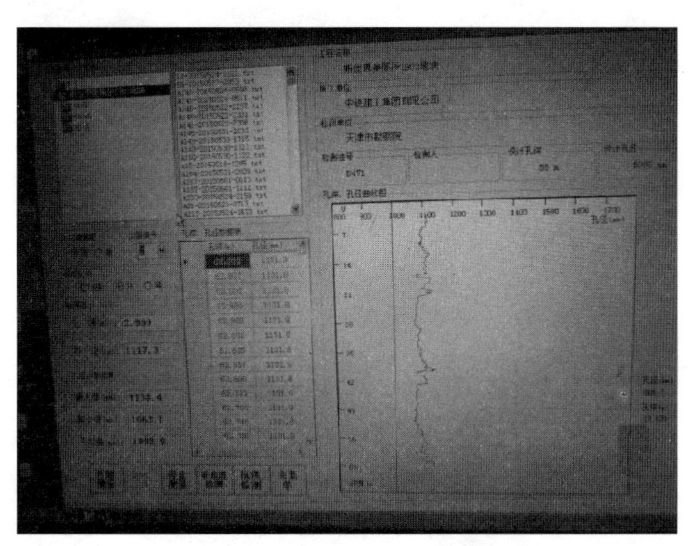

图 5-5　声波透射法测桩身完整性检验

5.6.4 条要点说明

泥浆指标对泥浆护壁成孔灌注桩桩孔稳定性有着重要的影响，根据目前研究，泥浆的三大指标（比重、含砂率、黏度）是其中最重要的控制点。

原规范对泥浆指标未做明确的规定，本标准修订过程中将其列入，主要参考了现行行业标准《建筑桩基技术规范》JGJ 94（以下简称“桩基规范”）的规定。其中，桩基规范对泥浆比重规定不应大于 1.25，本标准修订过程中考虑黏性土及砂性土对泥浆比重要求不完全相同，因此规定为 1.10～1.25；对于含砂率，本标准的规定与桩基规范一致，均为不大于 8%；对于黏度，桩基规范规定为不大于 28s，本标准根据工程经验及土性的不同，规定为 18s～28s，稍大于水的黏度（15s）。泥浆性能检测见图 5-6。

对于沉渣厚度的规定，端承桩的桩基承载力主要由桩端阻力组成，相较于摩擦桩，沉渣厚度应相对较小。本标准对沉渣厚度的规定与《建筑桩基技术规范》JGJ 94 的规定一致。

后注浆工艺最重要的指标为注浆量和注浆压力。注浆量和注浆压力对注浆体的有效半径（长度）、注浆段的侧阻力和端阻力的提高系数有着重要的影响，施工过程中应及时查看流量表（图 5-7）和压力表读数（图 5-8）。条文对于注浆的终止条件给出两种要求，一是注浆量达到设计要求，二是若是注浆量无法达到设计要求，那至少也不能小于设计要求的 80%且注浆压力要达到设计值。

图 5-6　泥浆性能检测

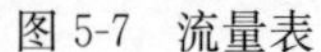

图 5-7　流量表

图 5-8　压力表读数

对于扩底桩的扩底直径和扩底高度，现行行业标准《大直径扩底灌注桩技术规程》JGJ/T 225 规定为±50mm，本标准按照着宜大不宜小的原则，规定为大于等于设计值，避免由于扩底直径或扩底高度不够造成的承载力损失。

本标准在原规范的基础上，增加了混凝土充盈系数、嵌岩桩入岩深度等检查项目，混凝土充盈系数可作为桩身完整性的辅助检查措施，避免灌注桩施工过程中出现缩颈、断桩等问题。嵌岩深度对嵌岩桩的桩端承载力影响十分明显，嵌岩深度一般由设计确定，本标准规定不应小于设计值。

5.7 干作业成孔灌注桩

条文说明

5.7.1 条要点说明

干作业成孔灌注桩的原材料检查与泥浆护壁成孔灌注桩一致。

施工顺序主要指成桩顺序，施工前应重点检查成桩顺序是否有利于消除临近桩孔施工过程中的安全隐患，一般而言：应采用隔桩跳打，并有一定安全距离的施工顺序。

对于人工干作业成孔灌注桩，应检查包括孔口围护、孔中防毒、防触电、防孔壁坍塌和涌水等常见问题的措施。施工前应有相应的安全专项施工方案并应进行检查验收。

5.7.2 条要点说明

干作业成孔相较于水下浇筑混凝土而言，混凝土的浇筑质量易于控制，因此本标准规定混凝土的坍落度可以适当降低。

5.7.3 条要点说明

干作业成孔灌注桩由于无泥浆带土作用，且无泥浆护壁作用，经常出现孔底虚土过多以及坍孔的问题，施工完成后应对桩身完整性进行检验。

5.7.4 条要点说明

原规范对干作业成孔灌注桩没有特别的规定，新规范考虑到干作业成孔灌注桩在某些区域仍然有着一定的应用，因此单独将干作业成孔灌注桩作为验收内容列出来。

对于干作业成孔灌注桩，现行行业标准《建筑桩基技术规范》JGJ 94 中有所规定，验收内容涉及较少。本标准在一般灌注桩的基础上，对混凝土坍落度进行了调整，这主要考虑到干作业成孔灌注桩施工较为便利，因此有所减少。

5.8 长螺旋钻孔压灌桩

条文说明

5.8.1 条要点说明

在工程建设中，桩位放线精度必须满足设计、施工的相关要求。为避免偏桩问题的出现，在桩机对位开钻前需要采用合理的检查验线方法进行桩位的检验，以确保基础工程的质量。目前传统的检查一般采用纵横轴位拉线检查法和坐标反算边长检查法。

在过去的一段时间里，经纬仪定位、钢卷尺丈量的方法为基础工程桩位测量放线的基本方法。而在进行放线精度检查验线时，现场监理工程师则需要采用传统纵横轴拉线检查法。

随着科学技术的发展，施工人员已经不再利用传统方法进行桩位坐标测量放线，而是改用了全站仪坐标放线方法，以便提升放线点位的精度，并提高放线工作的效率。但就目前来看，仍然有很多监理工程师利用传统工艺进行放线后的检查验线，继而难以满足工程建设对检查验线工作的效率要求。而坐标反算边长检查法作为一种新的检查验线方法，可以采用导线变量测法进行建筑物四大角点与工程桩位点的检查。

相较于传统纵横轴位拉线检查法，坐标反算边长检查方法显然具有更多的优势。坐标反算边长检查方法的使用，可以使建筑工程桩位坐标测量放线后的检查验线工作更加简单、高效和经济，并且还可以通过提高检查精度来进行工程建设质量的提升。

5.8.2 条要点说明

长螺旋钻孔压灌桩在钻进成孔过程中无须泥浆护壁，钻渣随排出随运装，成孔与成桩相结合，一机一次完成单桩施工作业，因此在钻机每次就位前均应调整机身，应用钻孔塔身的前后垂直标杆检查导杆、校正位置，使钻杆垂直对准桩位中心，钻机定位后，应对钻杆的垂直度进行检查。

长螺旋钻孔压灌桩的钢筋笼是后插式的，钢筋笼的垂直度和保护层厚度都不易控制，施工过程中钢筋笼长度的检测主要是对钢筋笼笼顶标高的检查与验收。本标准表 5.8.4 中对钢筋笼笼顶标高的允许值及允许偏差作出了规定。

钢筋笼长度不满足设计要求的基桩，应按《建筑工程施工质量验收统一标准》GB 50300 的相关规定进行处理。

5.8.3 条要点说明

长螺旋钻孔压灌桩地基工程施工完成后，对桩身完整性的检验采用低应变法，判定桩身缺陷的程度及位置。若采用低应变检测出现下列情况之一时，桩身完整性的判定宜结合其他检测方法进行：(1) 实测信号复杂，无规律，无法对其进行准确评价；(2) 桩身截面渐变或多变，且变化幅度较大的混凝土灌注桩。对于桩身缺陷程度及位置的判定应符合现行行业标准《建筑基桩检测技术规范》JGJ 106 的有关规定。

什么样的桩应接受单桩承载力和桩身完整性的抽样验收呢？对于施工完成后的检验，受检桩的选择应符合下列规定：

① 施工质量有疑问的桩；

② 设计方认为重要的桩；

③ 局部地质条件出现异常的桩；

④ 施工工艺不同的桩；

⑤ 承载力验收监测时适量选择完整性检测中判定的第 3 类桩；

⑥ 除上述规定外，同类型桩宜均匀随机分布。

5.8.4 条要点说明

由于地质条件、施工工艺、施工管理水平及原材料控制等众多因素的影响，桩基础的成桩质量和单桩承载力具有较大的离散性，表格中将单桩承载力、桩身强度、桩长、桩径以及桩身完整性作为主控项目，对长螺旋钻孔压灌桩的质量进行把关验收。在 2002 版规范中，混凝土灌注桩为一节，笼统地对钢筋笼及桩位和孔深提出了检验标准，此次规范修订按工艺将灌注桩细分为泥浆护壁成孔灌注桩、干作业成孔灌注桩、长螺旋钻孔压灌桩、沉管灌注桩，自成一节，分别提出验收要求及指标，相比 2002 版规范更具针对性和操作性。现对本条的规定以及本次修订的变化做几点说明：

1. 偏差值的调整

主控项目中的单桩承载力应不小于设计值，检验时应根据《建筑基桩检测技术规范》JGJ 106 中单桩竖向抗压静载试验的规定进行。桩位偏差同表 5.1.4 灌注桩桩位偏差的要求。长螺旋钻孔压灌桩对应表格中干成孔灌注桩的偏差要求见表 5-3。

旧规范与新标准允许偏差值对比 **表 5-3**

<table>
<tr><th>项目</th><th colspan="2">旧规范允许偏差</th><th>新标准允许偏差值</th><th>变化情况</th></tr>
<tr><td rowspan="2">桩位</td><td>1～3 根、单排桩基垂直于中心线方向和群桩基础的边桩</td><td>70mm</td><td rowspan="2">70mm+0.01H</td><td rowspan="2">统一标准</td></tr>
<tr><td>条形桩基沿中心线方向和群桩基础的中间桩</td><td>150mm</td></tr>
<tr><td>垂直度</td><td colspan="2"><1/100</td><td>≤1/100</td><td>基本不变</td></tr>
<tr><td>桩径</td><td colspan="2">−20m</td><td>不小于设计值</td><td>要求提高</td></tr>
</table>

注：H 为桩基施工面至设计桩顶的距离（mm）。

2. 主控项目与一般项目的调整

（1）2002 版规范中为一般项目的桩径此次修订到主控项目中，对桩径的控制要求提高；

（2）2002 版规范中为主控项目的桩位此次修订到一般项目中，对桩位的允许偏差适当放松。

5.9 沉管灌注桩

条文说明

5.9.1 条要点说明

跟长螺旋钻孔压灌桩相同，沉管灌注桩施工前也应对放线后的桩位进行检查。相比较其他钻孔灌注桩，沉管灌注桩主要利用锤击法或振动法，在锤击或振动前对桩位的检查对垂直度等指标控制也具有重要意义。

5.9.2 条要点说明

考虑到沉管灌注桩施工时，拔管速度过快极易导致桩身缩颈问题的产生，因此在施工过程中除应进行桩位、桩长、垂直度、钢筋笼笼顶标高的检查外，还应控制拔管的速度。缩颈顾名思义就是桩身某一部分截面积减少，导致不符合设计要求，因此施工时要严格控制拔管速度，采取“慢拔密振”，拔管速度应控制在 1.2m/min～1.5m/min。

5.9.3 条要点说明

对施工后混凝土强度的检验，一般的检查方法为检查 28d 试件报告或钻芯取样送检。

对桩身完整性的检验说明可参考第 5.8 节长螺旋钻孔压灌桩部分。

5.9.4 条要点说明

在 2002 版规范中，未对沉管灌注桩进行单列说明，此次修订将其独立成节，对其中的桩长、混凝土坍落度、拔管速度等检查项目的允许偏差进行了调整，以满足该工艺的特殊要求。

本条针对沉管灌注桩施工工艺特点，规定混凝土坍落度的检验指标应控制在 80mm～100mm 之间，充盈系数也不应低于 1.0。桩长的允许偏差为不小于设计值，而非 2002 版本的+300mm。沉管灌注桩拔管速度过快会引起桩身缩颈甚至断桩，因此规定拔管速度控制在 1.2m/min～1.5m/min 为宜。

桩位、桩径及垂直度偏差的旧规范与新标准对比参照长螺旋钻孔压灌桩，需要指出的是：主控项目与一般项目的调整中，沉管灌注桩并未将桩径调整为主控项目，仍作为一般项目进行控制。

5.10 钢桩

条文说明

5.10.1 条要点说明

钢桩的材料、制作质量必须符合国家现行产品标准和设计要求，施工前应检查出厂合格证，必要时抽样检查，并认真填写相关验收记录表格。钢桩的制作偏差不仅要在制作过程控制，运到工地后在施打前还要进行检查，否则沉桩时会发生困难，甚至成桩失败。

5.10.2 条要点说明

钢桩的沉桩方法与预制混凝土桩的沉桩方法类似，分为静力压桩法和锤击沉桩法。施工中对打入（静压）深度、收锤标准、终压标准、桩身（架）垂直度的检查控制，均为顺利沉桩做准备。

接桩时目前大多采用电焊连接，焊缝处容易出现裂缝，主要原因有以下几个方面：

（1）焊接连接时，连接处表面未清理干净，桩端不平整；

（2）焊接质量不好，焊缝不连续、不饱满，焊肉中夹有焊渣等杂物；

（3）焊接好后停顿时间较短，焊缝遇地下水出现脆裂；

（4）两节桩不在同一条直线上，接桩处产生曲折，压桩过程中接桩处局部产生集中应力而破坏连接。

因此本标准规定须对焊缝的质量（如上下节桩错口、焊缝咬边深度焊接结束后停歇时间，节点弯曲矢高等）进行验收。

5.10.3 条要点说明

钢桩施工完成后应进行竖向承载力检验，检查方法和数量可根据地基基础设计等级和现场条件，结合当地可靠的经验和技术确定，具体要求见本标准第 5.1.6 条及表 5.10.4 中的推荐检查方法。

5.10.4 条要点说明

本条文给出了钢桩质量检测各项目的检验标准及检查方法，现对本条的规定以及本次修订的变化做几点说明：

1. 偏差值的调整（表 5-4）

相比 2002 版本，此次修订将桩长的允许偏差由原先的±10mm 修订为不小于设计值，提出了只长不短的要求。对焊缝质量的检验，将焊缝加强层宽度的允许偏差由原先的 2mm 修订为 3mm，焊接接桩应符合国家标准《钢结构焊接规范》GB 50661 的规定。

旧规范与新标准允许偏差值对比　　表 5-4

项目	旧规范允许偏差	新标准允许偏差值	变化情况
钢桩外径或断面尺寸（桩身）	$\pm 1D$	$\leqslant 0.1\%D$	提高
矢高	$<1‰l$	$\leqslant 1‰l$	基本不变
桩长	±10mm	不小于设计值	适当提高
上下节桩错口（H 形钢）	无	≤1mm	新增项目
电焊结束后停歇时间	>1min	≥1min	基本不变

注：D 为外径或边长，l 为两节桩长。

2. 主控项目与一般项目的调整

（1）将桩长调整为主控项目，要求桩长的检验应全数合格。

（2）将桩位偏差调整为一般项目，施工时难免会出现偏桩的现象，允许其20%的不合格率。

5.11 锚杆静压桩

5.11.1 条要点说明

锚杆静压成品桩一般均由工厂制造，进场后应对成品桩的外观及强度进行检验，产品合格方可投入使用，检查方法见本标准表5.11.4的推荐检查方法。原2002版规范中提出硫磺胶泥半成品的检验要求，此次修订将此内容删除，根据市场使用情况及绿色施工要求，接桩一般采用焊接接桩方式，硫磺胶泥不予推荐使用。

5.11.2 条要点说明

施工期间锚杆静压桩的压桩力大于建（构）筑物基础底板或承台的抵抗能力，会造成基础上抬或损坏，现行国家标准《建筑地基基础工程施工规范》GB 51004的强制性条文中规定，锚杆静压桩利用锚固在基础底板或承台上的锚杆提供压桩力时，施工期间最大压桩力不应大于基础底板或承台设计允许拉力的80%，因此在压桩过程中对压力的检查控制尤为重要。

规范中提到重要工程应对电焊接桩的接头进行探伤检查，"重要工程"的含义系指甲级工程或其他特定的工程。原2002版规范中规定"重要工程应对电焊接桩的接头做10%的探伤检查"，此次修订将10%的检测数量要求删除，考虑到10%并不能满足所有工程的检验需求，实际验收时，应根据施工过程中的实际情况确定检验数量。如焊接时刮风下雨，未能做好防护措施等施工状况时有发生，则应增加检验数量，提高抽查频率。

按照现行国家标准《建筑地基基础设计规范》GB 50007的规定，锚杆静压桩验收试验用反力装置能够提供最大反力应大于2倍的锚杆静压桩承载力特征值，反力装置强度不够，将会带来巨大的安全隐患，因此应对反力装置加强监测。

5.11.3 条要点说明

由于设计及施工措施不当时，锚杆静压桩的挤土效应易产生相邻桩位因受拉而断裂或桩身经抬升造成桩底间隙等现象，导致桩的承载力降低。因此对桩的承载力进行检验，可通过静载试验或桩基动测法测试发现承载力不足的桩，分析其破坏类型，再针对性地采取一些必要手段进行补救，例如复压处理，断裂桩经过复压后可以上下两节复合，承载力会有较大提高。

5.11.4 条要点说明

近年来，多节桩施工后经常发生接桩处断开的现象，其中不乏一些重点工程，进度要求紧，施工单位置质量于不顾，留下了严重的安全隐患，表格中对接桩的焊缝质量及结束后的停歇时间提出了检验指标，避免焊接过快、接头处上下两面不密贴、焊接结束后无间歇立即锤击等现象的出现。

相比2002版规范，此次修订主要改动了：

（1）将桩位放至一般项目，同时将桩体质量检验一项删除；

（2）目前锚杆静压桩接桩基本使用电焊接桩，此次修订将硫磺胶泥接桩的检验要求删除，对电焊接桩质量检验指标维持不变。

5.12 岩石锚杆基础

5.12.1 条要点说明

材料检验是优良工程质量的前提，在选择材料时必须严格把关，以防竣工后留下隐患，影响工程质量和使用寿命。在岩石锚杆基础施工前，应对原材料质量、水泥砂浆或混凝土配合比进行检验。水泥砂浆及混凝土的配合比要求在现行国家标准《建筑地基基础工程施工规范》GB 51004 中已做出规定，施工单位在施工时，尚应根据实际情况，符合设计要求。

5.12.2 条要点说明

岩石锚杆基础的施工流程如图 5-9 所示。

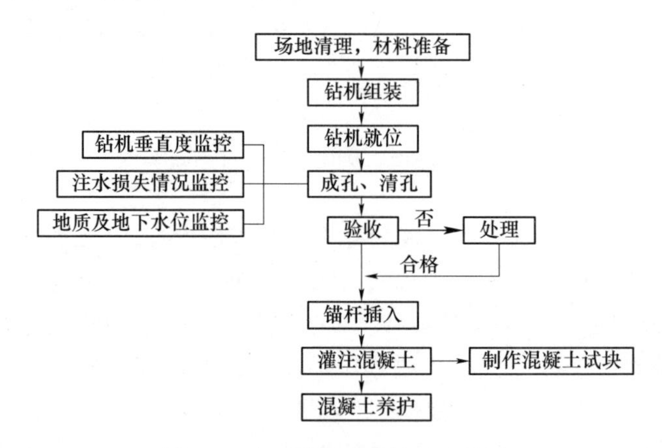

图 5-9　岩石锚杆基础施工流程图

在施工过程中，成孔、清孔完成后要对锚孔进行检验验收，检验内容包括孔位、孔径、孔深、注浆压力、垂直度、孔底沉渣厚度等。其中孔深作为主控项目，本标准中给出不小于设计值的检验标准，不同于现行国家标准《建筑地基基础工程施工规范》GB 51004 中 100mm 的误差标准，在本标准编制过程中，经过编制组专家讨论，最终决定取消 100mm 的上限要求。

5.12.3 条要点说明

锚杆的抗拔承载力主要由锚固体与土体粘结强度及锚杆与砂浆粘结强度决定，因此，在施工前对水泥砂浆以及施工中对成孔质量检验至关重要，施工结束后可通过抗拔试验检验抗拔承载力，具体检验方法可按照现行行业标准《建筑基桩检测技术规范》JGJ 106 执行。本标准将锚固体强度作为主控项目，而锚固体强度影响因素主要包括孔径及锚固长度，现行国家标准《建筑地基基础工程施工规范》GB 51004 中规定了锚杆留置浆体试块的数量，每根 1 组，每组不应少于 3 个试块，施工后应对试块强度进行检验，并应满足设计要求。

5.12.4 条要点说明

岩石锚杆基础为此次修订新增的章节，对于岩石锚杆基础的质量验收，最为关键的是主控项目抗拔承载力、孔深、锚固体强度的检验。抗拔承载力的检验应通过现场试验确定，如图 5-10 所示。

图 5-10　现场抗拔承载力检验

5.13　沉井与沉箱

5.13.1 条要点说明

沉井与沉箱施工前对砂垫层及设备的检验非常重要，若对砂垫层的压实和处理缺乏重视，极易造成较大工后沉降的出现。在沉井与沉箱施工前，应对砂垫层的施工质量进行分层检验，对承载力的检验主要是对压实系数的检验，应在每层压实系数达到 0.93，检验合格后方可施工上一层。砂垫层施工质量的检验点布设：按环边铺设时每 10m 不应少于 1 个点，满堂铺设时每 $50m^2$ 不应少于 1 个点，且每个单体工程不应少于 3 个点。

沉箱施工工艺较沉井有所区别，保持气压稳定是沉箱施工时的重点工作，在沉箱施工前应对施工设备、备用电源和供气设备等进行检验。为了保证沉箱工作室内气压的相对稳定，需要空气压缩机持续不断地补充工作室内损失的气压。空气压缩机长时间持续工作可能会损坏，因此需要施工现场设置备用供气设备，以防止停止供气后沉箱下沉导致无法施工问题的出现。

5.13.2 条要点说明

沉井与沉箱制作的模板、钢筋施工应按现行国家标准《混凝土结构工程施工质量验收规范》GB 50204 的规定进行质量验收。浇筑混凝土时模板及支架在混凝土重力、侧压力及施工荷载等作用下胀模（变形）、跑模（位移）甚至坍塌的情况时有发生。为避免事故，保证沉井与气压沉箱的施工质量和安全，本条提出了在浇筑混凝土前，应对模板的位置、尺寸和密封性进行检查及验收的要求，施工时应对模板及其支架进行观察、维护，发生异常情况时，应按技术方案及时进行处理。

拆模后，应对混凝土浇筑外观进行检查，是否出现蜂窝、麻面、孔洞、漏筋、烂根、缺棱掉角等外观弊病，并及时进行修补处理。对混凝土的强度检测应符合现行国家标准《混凝土强度检验评定标准》GB/T 50107 的相关规定。

沉井与沉箱在下沉过程中难以保持理想的垂直下沉状态，因此，在每一次接高时，应实时对地基强度、下沉稳定性及下沉偏差进行检查复核，确保接高稳定。若不能实时复核，沉井和气压沉箱容易发生偏斜、突沉、对周围土体产生扰动破坏等情况。

下沉过程中的偏差，虽然不作为验收依据，但是偏差太大影响到终沉标高，尤其是刚开始下沉时，应严格控制偏差不要过大，否则终沉标高不易控制在要求范围内。下沉过程中的控制，一般可控制四个角，当发生过大的纠偏动作后，要注意检查中心线的偏移。封底结束后，常发生底板与井墙交接处的渗水，在地下水丰富地区，混凝土底板未达到一定强度时，还会发生地下水穿孔，造成渗水。渗漏的检查验收可参照现行国家标准《地下防水工程施工质量验收规范》GB 50208 的规定执行。

5.13.3 条要点说明

沉井与沉箱的尺寸偏差控制主要是通过控制模板工程的质量达到的，外观尺寸的过大偏差将影响沉井与沉箱的顺利下沉及对基坑周边环境产生不利的影响，从而造成巨大的经济损失和不良的社会影响。因此，本条强调应对施工完成后的沉井与沉箱进行平面位置、尺寸、终沉标高的检查验收，检查方法和验收标准详见本标准表 5.13.4 的要求。

施工完成后的沉井与沉箱要进行综合验收，除了用钢尺量、水准测量等方法进行位置、尺寸等的检验，接缝的渗漏水情况也是施工后检验的重要内容。检验人员应通过触摸、吸墨纸贴附等检测方法验收封底、接高等重点部位，若发现严重渗水必须分析、查明原因，修补堵漏，然后重新验收。

5.13.4 条要点说明

在 2002 版规范中，沉井与沉箱作为基坑围护的一种形式编制在基坑工程一章中，考虑其现在作为基础应用的更为普遍，此次修订将其归类到基础工程一章中。

沉井与沉箱下沉过程中，主要靠自身重量克服井（箱）壁摩擦力，对于下沉艰难或者下沉速度过快的情况，应采取一定的助沉或止沉措施，控制沉井（箱）平稳下沉。沉井（箱）应均匀、对称下沉，在下沉过程中用全站仪及时测量，保证沉井（箱）的垂直度。本条对沉井与沉箱下沉阶段的四角高差及中心位移的允许偏差做出规定，如有倾斜、位移和扭转，应及时纠偏，使偏差控制在允许范围内，下沉过程就是纠偏的过程，应把纠偏放在主要位置来对待，大偏要纠，小偏也要纠，在不断的纠偏过程中沉井（箱）才会顺利下沉到标高处。

沉井与沉箱终沉后的允许偏差作为主控项目来检验，若超出表 5-5 中允许偏差范围，应及时采取纠偏措施进行处理。实际施工时，沉井终沉后往往容易出现超沉的现象，超沉原因有很多，最常见的有：(1) 沉井终沉阶段产生突沉现象，井位失控；(2) 在软弱土层中沉井下沉到位时抛高值太少，在封底完成后井位超沉；(3) 在有井点降水的砂性土层中，沉井到位后井点出现故障时间较长，使井壁摩阻力大幅度减少，井位下沉过多；(4) 在软弱土层中沉井到位后，因故较长时间未进行封底施工，致使井位产生附加沉降量过多；(5) 测量后视点设置不当，而又较长时间不复测调整井位标高，沉井到位后才发现后视点因各种施工因素影响下沉较多，致使井位修正后标高值已经超沉。

旧规范与新标准允许偏差值对比 **表 5-5**

<table>
<tr><th colspan="2">项目</th><th>旧规范允许偏差</th><th colspan="3">新标准允许偏差值</th><th>变化情况</th></tr>
<tr><td colspan="2">井（箱）壁厚度</td><td>无此项</td><td colspan="3">±15mm</td><td>新增主控</td></tr>
<tr><td rowspan="10">终沉后</td><td rowspan="2">刃角平均标高</td><td rowspan="2"><100mm</td><td colspan="2">沉井</td><td>±100mm</td><td rowspan="2">细化提高</td></tr>
<tr><td colspan="2">沉箱</td><td>±50mm</td></tr>
<tr><td rowspan="4">刃角中心线位移</td><td rowspan="4"><1%H_3</td><td rowspan="2">沉井</td><td>H_3≥10m</td><td>≤1% H_3</td><td rowspan="4">细化提高</td></tr>
<tr><td>H_3<10m</td><td>≤100mm</td></tr>
<tr><td rowspan="2">沉箱</td><td>H_3≥10m</td><td>≤0.5% H_3</td></tr>
<tr><td>H_3<10m</td><td>≤50mm</td></tr>
<tr><td rowspan="4">四角中任何两脚高差</td><td rowspan="4"><1%L_2</td><td rowspan="2">沉井</td><td>L_2≥10m</td><td>≤1% L_2
且≤300mm</td><td rowspan="4">细化提高</td></tr>
<tr><td>L_2<10m</td><td>≤100mm</td></tr>
<tr><td rowspan="2">沉箱</td><td>L_2≥10m</td><td>≤0.5% L_2
且≤150mm</td></tr>
<tr><td>L_2<10m</td><td>≤50mm</td></tr>
<tr><td rowspan="5">平面尺寸</td><td>长度</td><td rowspan="2">±0.5% L_1 且≤100mm</td><td colspan="3">±0.5%L_1 且≤50mm</td><td rowspan="5">细化提高</td></tr>
<tr><td>宽度</td><td colspan="3">±0.5%B 且≤50mm</td></tr>
<tr><td>高度</td><td>无</td><td colspan="3">±30mm</td></tr>
<tr><td>直径（圆形沉箱）</td><td>曲线部分半径
±0.5% D_1 且≤50mm</td><td colspan="3">±0.5%D_1 且≤100mm</td></tr>
<tr><td>对角线</td><td>1%（mm）</td><td colspan="3">≤0.5%线长且≤100mm</td></tr>
<tr><td colspan="2">垂直度</td><td>无</td><td colspan="3">≤1/100</td><td>新增提高</td></tr>
<tr><td colspan="2">预留孔（洞）位移</td><td>无</td><td colspan="3">±20mm</td><td>新增提高</td></tr>
<tr><td rowspan="4">下沉过程中</td><td rowspan="2">四角高差</td><td rowspan="2">1.5% L_1～
2.0% L_1 且≤1m</td><td>沉井</td><td colspan="2">1.5%L_1～2.0% L_1
且≤500mm</td><td rowspan="2">细化提高</td></tr>
<tr><td>沉箱</td><td colspan="2">1.0%L_1～1.5% L_1
且≤450mm</td></tr>
<tr><td rowspan="2">中心位移</td><td rowspan="2"><1.5%H_2 且≤300mm</td><td>沉井</td><td colspan="2">≤1.5%H_2 且≤300mm</td><td rowspan="2">细化提高</td></tr>
<tr><td>沉箱</td><td colspan="2">≤1%H_2 且≤150mm</td></tr>
</table>

注：L_1 为设计沉井与沉箱长度（mm）；L_2 为矩形沉井两角的距离，圆形沉井为互相垂直的两条直径（mm）；B 为设计沉井（箱）宽度（mm）；H_1 为设计沉井与沉箱高度（mm）；H_2 为下沉深度（mm）；H_3 为下沉总深度，系指下沉前后刃脚之高差（mm）；D_1 为设计沉井与沉箱直径（mm）；检查中心线位置时，应沿纵、横两个方向测量，并取其中较大值。

第6章　特殊土地基基础工程

概　述

本章相对于2002版规范为新增章节，作为全国性规范，考虑到我国幅员辽阔，各地区的地理位置、气象条件、地层构造和成因，以及地基土的地质特征差异很大，有一些特殊种类的地基土分布在全国，因此，本标准编制时将这些特殊土纳入编制范围，独立成章。这些特殊土各自具有不同于一般地基土的工程地质特征，主要包括软土、黄土、盐渍土、膨胀土、冻土、红黏土等，它们各自具有一些特殊的成分、结构和性质，如软土的高压缩性、黄土的湿陷性、盐渍土的融陷和腐蚀性、膨胀土的胀缩性、冻土的冻胀变形等。

虽然各类特殊土都有相关的规范，如《湿陷性黄土地区建筑规范》GB 50025、《冻土地区建筑地基基础设计规范》JGJ 118、《膨胀土地区建筑技术规范》GB 50112、《盐渍土地区建筑技术规范》GB/T 50942等，但其缺少对地基基础工程施工质量验收的相关规定或规定不够详细。为保证特殊土地区建筑地基安全和正常使用，加强施工过程中的质量控制，本章节根据各类特殊土的特点及处理方法，分为湿陷性黄土、冻土、膨胀土、盐渍土四个小节，列出了对地基基础在施工前、施工中、施工完成后需要检查的项目，检查其是否满足设计和规范要求。

6.1　一般规定

条文说明

6.1.1条要点说明

施工组织设计是指导工程施工准备和施工全过程的全局性技术经济文件，是对整个施工项目进行全面的组织安排。因此，特殊土地区的施工应根据审查图纸和现场踏勘收集到的情况核实工程数量，按特殊土的性质、工期要求、施工难易程度和人员、设备、材料准备情况，编制一个针对性的，深入、具体、可行的施工组织设计方案，是确保特殊土工程施工质量的前提。施工前应检查是否编制施工组织设计或专项施工方案，是否按要求进行审批，进行专家论证等。

6.1.2条要点说明

黄土地基浸水后，土体含水量急剧上升，而水分的增加削弱了土颗粒之间的联结，导致黄土中的孔隙被大量破坏，从而引起湿陷。

膨胀土地基浸水后，膨胀土内大量强亲水性黏土矿物发生显著的吸水膨胀，如不采取措施，会导致建筑物的开裂和损坏。

盐渍土浸水后由于土中易溶盐的溶解，在自重压力作用下产生沉陷现象。

所以在特殊土场地施工前应做好场地的截水、排水措施。

6.1.3 条要点说明

同上所述，特殊土在遇水后会发生一些工程特性变化，对工程带来不利影响，因此需要注意场地防水，防止雨水倒灌。

6.1.4 条要点说明

对膨胀土地基暴晒使土失水收缩，泡水使土吸水膨胀，对基础的施工极其不利，因此应避开雨天施工，否则应采取防水、排水措施，如设置排水沟、集水井，铺设塑料布和油毡等措施，同时分段施工地基基础可以缩小施工范围，减少雨期施工对其影响。

6.2 湿陷性黄土

条文说明

6.2.1 条要点说明

施工素土、灰土垫层时，应先将基底下拟处理的湿陷性黄土挖出，并利用基坑内的黄土或就地挖出的其他黏性土作为填料，灰土应过筛并拌合均匀，然后根据所选的夯（压）实设备，在最优或接近最优含水量下分层回填、分层夯（压）实至设计标高。

素土、灰土垫层的地基承载力特征值应根据静载荷试验或静力触探等现场原位试验结果确定。应检查处理后的地基承载力应满足设计要求。

在施工土（或灰土）垫层进程中，应分层取样检验，并应在每层表面以下 2/3 厚度处取样检验土（或灰土）的干密度，然后换算为压实系数，取样的数量及位置应符合下列规定：

（1）整片土（或灰土）垫层的面积每 100m^2～500m^2，每层 3 处；

（2）独立基础下的土（或灰土）垫层，每层 3 处；

（3）条形基础下的土（或灰土）垫层，每 10m 每层 1 处；

（4）取样点位置宜在各层的中间及离边缘 150mm～300mm 处。

湿陷性黄土场地上的垫层地基，除提高承载力和增加均匀性外，另一个重要作用是防水和隔水。一定厚度的垫层可以防止水从上部渗入地基，外放部分可以防止水从侧向渗入地基，其尺寸对垫层的防、隔水效果至关重要，所以换填地基的外放尺寸和换填垫层的总厚度应作为验收项目。

土或灰土的最优含水率应根据试验取得，无试验资料时，宜取场地天然土的塑限含水量为其填料的最优含水量，含水量的控制还应考虑天气、施工等因素的影响。

表格中其他检查项目可参考 4.2 节进行。

6.2.2 条要点说明

湿陷性土强夯后的承载力宜在地基强夯施工结束一个月左右进行。否则，由于时效因素，土的结构和强度尚未恢复，采用静载试验测定的结果可能偏小。

《湿陷性黄土地区建筑规范》GB 50025 对各类建筑地基消除湿陷性的厚度的规定，是强夯地基确定设计处理厚度的一个重要依据。在设计处理（夯实）厚度内，湿陷性应消除，检测方法可采用现场浸水载荷试验或取土做土工试验，测定湿陷性土的湿陷系数、自重湿陷系数和湿陷初始压力等指标是否满足设计要求，具体方法在《湿陷性黄土地区建筑规范》GB 50025 中有详细规定。同时检查处理后的变形及压缩模量是否满足设计要求。

湿陷系数和压实系数作为一般项目进行验收，允许个别土样的湿陷系数大于 0.015，但大于 0.015 的点在空间分布上不应集中、连续。压实系数和湿陷系数两项指标具有关联性，且夯实厚度和程度（压实系数）关系到防水效果，检测压实系数可作为强夯处理有效厚度和湿陷性消除厚度的辅助判断指标。湿陷系数和压实系数的检测应当在强夯施工结束后，隔 7d～10d，在每 500m^2～1000m^2 面积内的各夯点之间任选一处，自夯击终止时的夯面起至其下 5～12m 深度内，每隔 1m，取 1～2 个土样进行室内试验来测定。

6.2.3 条要点说明

复合地基承载力的检测应在成桩后 14d～28d 后进行，对每项单体工程复合地基静载试验不应少于 3 点。

桩体填料的夯实质量应及时抽样检查，其数量不得少于总孔数的 2%，每台班不应少于 1 孔。在全部孔深内，宜每 1m 取土样测定填料的干密度，检测点的位置应在距孔心 2/3 孔半径处。

主控项目“复合土层湿陷性”是指桩长范围内复合土层的湿陷性应消除。可采用复合地基浸水载荷试验或通过桩体材料、桩体压实系数、桩间土湿陷系数和平均挤密系数等指标综合判定。

根据湿陷性黄土地区经验，挤密系数达到 0.90 的区域一般在距桩边 0.5D～1.0D 范围（沉管法），平均为 0.75D。桩距的计算依据一般是挤密系数不小于 0.90，因此对于要求消除湿陷性的挤密桩地基，其桩位偏差不宜大于 0.25D。

当挤密处理深度超过 12m 时，可采用预钻孔夯扩桩。因钻孔过程对桩间土无挤密作用，消除湿陷性全靠夯扩，因此钻孔直径不应大于设计值，这样才能保证夯扩后的桩径满足设计要求。施工前应检查钻头直径，对于决定夯扩效果的锤重、每次填料量、夯锤提升高度、夯击次数等必须在施工中经常检查。

桩间土的平均挤密系数可以通过桩间土的平均干密度与最大干密度的比值确定，测定平均干密度的试样数量不应少于 6 组。

6.2.4 条要点说明

为减少湿陷土层影响，黄土地区普遍先采用挤密或强夯等方法消除部分或全部湿陷土层的湿陷性，再采用水泥粉煤灰碎石桩等复合地基或采用桩基础。根据《湿陷性黄土地区建筑规范》GB 50025 规定，用挤密或强夯等方法消除部分或全部湿陷土层的湿陷性后，已消除湿陷性的土层可按一般地区土层进行设计，其施工验收也可按一般地区的验收标准执行。若挤密桩设计目的仅是消除湿陷性，其承载力可不进行验收。

6.2.5 条要点说明

预浸水法是利用自重湿陷性场地特性，预先浸水使自重湿陷发生，减少后期湿陷量的一种黄土地区特有的地基处理方法，浸水时湿陷发生越充分则预浸水处理效果越好。受周围未浸水土层约束影响，黄土实际发生湿陷量大小和浸水坑尺寸有关，因此浸水坑尺寸应检查验收。

浸水结束后，在基础施工前应进行补充勘察，重新评定场地或地基土的湿陷性。

6.3 冻土

条文说明

6.3.1 条要点说明

冻土地区的保温隔热地基，近几年无论是在多年冻土区还是季节冻土区，应用越来越多。作为隔热层的材料必须是具有一定刚度的土工织物或泡沫材料且使用期间不吸湿（防潮性）。如果材料在建筑使用期间出现明显的裂缝或防潮性较差，则其隔热性能将很快丧失。因此，施工前主要应对保温隔热材料的质量进行验收，检查材料合格证、试验报告是否满足设计要求等。

施工过程主要检查接缝处理，铺设厚度、长度、宽度是否符合质量要求。

施工结束后应对地基进行承载力检测，检测方法详见《冻土地区建筑地基基础设计规范》JGJ 118 附录 F 的相关规定。

6.3.2 条要点说明

桩基可隔离上层建筑与冻土的直接接触，可于其间设置架空空间及铺设绝热材料，因此，桩基础是冻土区建筑相对较为广泛采用的基础形式。桩的类型主要包括：木桩、H 型钢桩、钢管桩、混凝土预制桩及钻孔灌注桩等，承载力可由桩端或桩周冻结黏附力提供。

本条是针对采用钻孔打入桩和钻孔插入桩施工的预制桩基的质量检验。应根据建筑场地的地温选择合适的施工方式，桩基施工前应检查预制桩的型号、规格是否满足设计要求，是否具有出厂合格证及材质检验报告。施工过程中应检查钻孔的成孔直径、成孔深度。若采用钻孔插入桩的施工方法还应对桩侧的回填质量按设计要求检验。施工结束后应通过现场静载荷试验确定单桩的竖向承载力是否满足设计要求。

6.3.3 条要点说明

多年冻土地区的灌注桩基础，在国外应用的并不是很多，在国内由于工程造价及施工条件的制约，还未大面积应用。为了保护多年冻土环境，降低混凝土水化热对冻土的影响，要求混凝土浇筑温度在 5℃～10℃，因此应对混凝土进行测温。为了及时掌握基础施工对冻土环境的影响，施工期间要对地温进行监测。多年冻土地区桩基础的设计原则主要有三种，即保持冻结状态、逐渐融化状态、预先融化状态，这三种状态对桩基础的检测方法是不一样的，因此要求按现行行业标准《冻土地区建筑地基基础设计规范》JGJ 118 的规定执行。施工结束后应通过现场静载荷试验检测单桩的竖向承载力是否满足设计要求。

6.3.4 条要点说明

架空通风基础是将建筑物通过桩、柱抬升隔离地表，通过埋置通风管道或预设隔热垫层，使建筑物不能和地表直接接触，令冻土地基不改变其原始温度条件并得以维持其稳定性，该方法目前使用较为广泛。它的优点在于：在夏季，地基土层由于上部建筑物的遮阳作用而不易融化，在冬季，通过寒冷空气在架空空间内的流动，可进一步冷冻地基土层。

多年冻土区架空通风基础，施工前应对使用的保温隔热材料及换填材料进行检验，检查材料合格证、试验报告等。施工中主要检查通风空间或通风总面积是否符合要求。其冻土地基承载力或桩基础承载力检测应按现行行业标准《冻土地区建筑地基基础设计规范》JGJ 118 的规定执行。

6.4 膨胀土

条文说明

6.4.1 条要点说明

膨胀土地基换土可采用非膨胀性土、灰土或改良土，换土厚度应符合设计要求。膨胀土土性改良可采用掺和水泥、石灰等材料，掺和比和施工工艺应符合设计要求。

平坦场地上胀缩等级为Ⅰ级、Ⅱ级的膨胀土地基宜采用砂、碎石垫层。垫层厚度不应小于 300mm。垫层宽度应大于基底宽度，两侧宜采用与垫层相同的材料回填，并应做好防、隔水处理。

6.4.2 条要点说明

对胀缩等级为Ⅲ级或设计等级为甲级的膨胀土地基，宜采用桩基础。灌注桩施工时，成孔过程中严禁向孔内注水，应采用干法成孔。成孔后，应清除孔底虚土，并应及时浇筑混凝土。

膨胀土地区的桩基还应检查桩承台梁与地基土间留有的空隙是否满足要求，承台梁两侧是否有防止空隙堵塞的措施。

6.4.3 条要点说明

膨胀土是同时具有显著的吸水膨胀和失水收缩两种变形的黏土，土体的含水率的变化是膨胀土产生危害的主要原因。房屋四周受季节性气候和其他人为活动的影响大，因而，外墙部位土的含水量变化和结构的位移幅度都较室内大，容易遭到破坏。在膨胀土地区建筑物周围设置散水坡，设水平和垂直的隔水层，加强上下水管的防漏措施；面层及垫层的施工质量决定着散水坡的抗渗性能，散水的宽度直接影响着防渗漏的范围大小，散水的设置能起到防水和保湿的作用，使外墙的位移量减小。

应对散水的宽度，面层厚度，垫层材料、厚度、配合比、压实程度，散水坡度等检验。对于建筑物四周设置宽散水的，除上述检验项目外尚应对隔热保护层材料、厚度、配合比、压实程度进行检验。

6.5 盐渍土

条文说明

6.5.1 条要点说明

盐渍土地基中隔水层可以阻断盐分和水分向上迁移，防止路基产生盐胀、湿陷，并且阻断下层盐渍土对基础的侵害。

土工合成材料使用前应对材料的性能及外观质量检验，如发现折损、刺破、撕裂等瑕疵应立即进行修补和更换。铺设时应检查土工膜是否拉直，有无褶皱，相邻两幅的搭接宽度、搭接方向是否满足设计要求。铺设完成后检查是否有破损，表面的平整度与坡度是否符合设计要求。土工膜上面的保护层材料和铺设总厚度是否满足设计要求。

6.5.2 条要点说明

在防腐工程施工前，应根据施工环境温度、工作条件及材料等因素，通过试验确定适宜的施工配合比和操作方法。防止盐渍土的腐蚀破坏，除采取措施外，特别重要的是土建施工质量和防腐施工质量。在一定条件下，施工质量起决定性作用，因此，对施工质量的严格把关和严格遵守有关规定、规程是十分重要的。盐渍土地区的防腐措施主要包括增加混凝土保护层的厚度，增加防腐添加剂及刷防腐涂层，验收程序及标准应符合现行国家标准《建筑防腐蚀工程施工规范》GB 50212 的规定。

6.5.3 条要点说明

换土垫层法适用于地下水位埋置深度较深的浅层盐渍土地基，换填料应为非盐渍土的级配砂砾石和中粗砂、碎石、矿渣、粉煤灰等。

在盐渍土地区，有的盐渍土层仅存在地表下 1m～5m，对于这种情况，可采用砂石垫层处理地基，将基础下的盐渍土层全部挖除，回填不含盐的砂石材料。采用砂石材料是针对完全消除地基溶陷而言，其挖除深度随盐渍土层厚度而定，但一般不宜大于 5m，否则工程造价太高，不经济。砂石垫层的厚度应保证下卧层顶面处的压应力小于该土层浸水后的承载力，还应保证垫层周围溶陷时砂石垫层的稳定性，垫层宽度不够时，四周盐渍土浸水后产生溶陷，将导致垫层侧向位移挤入侧壁盐渍土中，使基础沉降增大。

6.5.4 条要点说明

强夯法和强夯置换法适用于处理盐渍土地区的碎石土、砂土、非饱和粉土和黏性土地基以及由此组成的素填土和杂填土地基。强夯置换法在设计前，应通过现场试验确定其适用性和处理效果。强夯法和强夯置换法的有效加固深度、夯击工艺和参数应通过当地经验或现场试夯确定。强夯置换法夯坑换填料应为非盐渍土的砂石类集合料，并应做好基础地下排水设计。

6.5.5 条要点说明

砂石（碎石）桩法包括用挤密法施工的砂石桩和用振冲法施工的砂石桩，适用于处理盐渍土地区的砂土、碎石土、粉土、黏性土、素填土和杂填土等地基。采用砂石桩法应在设计和施工前选择有代表性的场地进行现场试验，确定施工机械、施工参数和处理效果。砂石桩顶和基础之间宜铺设一层厚 500mm 左右的砂石垫层，并应做好地下排水设施，宜在基础和垫层间设置隔离层。

6.5.6 条要点说明

浸水预溶法施工过程中应对设计要求的水头高度、浸水坑的平面尺寸、浸水后的溶陷量及浸水的有效影响深度进行检验。地基浸水预溶完成后应检测预溶的深度及所消除的溶陷量，在基础施工前应重新检验盐渍土的主要物理力学性质指标，评定盐渍土的承载力和溶陷性。

浸水预溶法适用于处理盐渍土地区厚度较大、渗透性较好的盐渍土地基。盐渍土的盐溶危害是盐渍土地基的主要病害之一。当地基发生盐溶时，地基承载力大幅度下降。浸水预溶法可以改变地基土体结构，并在一定程度上降低地基土的含盐量。浸水预溶法可与强夯法、预压法等其他地基处理方法结合使用。重要工程或大型工程，施工前应进行浸水试验，确定浸水量、浸水所需时间、浸水有效影响深度和浸水降低的溶陷量等。国内有部分建筑在采用浸水预溶法进行地基处理后，上部结构施工完成后仍然出现较大的竖向变形，主要原因是有效浸水影响深度不够。浸水坑的外放尺寸要求与其余地基处理工艺原则类似。水头高度对有效浸水影响深度、预溶速度都有重要的影响。

6.5.7 条要点说明

盐化法处理的地基施工时应对用盐量，盐化遍数、盐化时间及水头高度、浸盐坑的尺寸进行检测，盐化完成后待盐水全部浸入地基并停歇 3d～5d 后，再对盐化效果进行检测。

第7章　基坑支护工程

概述

基坑支护工程是为保护地下主体结构施工和基坑周边环境的安全，对基坑采用的临时性支挡、加固、保护与地下水控制的措施。常见的基坑支护形式主要有：1. 排桩支护；2. 板桩支护；3. 咬合桩支护；4. 型钢水泥土搅拌墙支护；5. 土钉墙支护；6. 地下连续墙支护；7. 重力式水泥土墙支护等。基坑支护工程包含挡土、支护、防水、降水、挖土等许多紧密联系的环节，其中的某一环节失效将会导致整个工程的失败。

基坑支护工程造价较高，但又是临时性工程，一般不会投入较多资金。可是，一旦出现事故，处理十分困难，造成的经济损失和社会影响十分严重。但是在当今社会，城市建设快速发展，地下空间的利用越来越受到重视，基坑的深度越来越深，规模也越来越大，并且许多的深基坑大部分位于中心城区，基坑周边环境较为复杂。为了保证基坑与周边环境的安全，需要从勘测、设计、施工、检测和监测等各个方面严格进行把控。

本章对常见的支护结构的验收做出了规定，每个验收的项目及其允许偏差值均根据目前的施工技术水平与施工经验得出，不仅能够很好的对基坑支护工程的质量进行很好的检验，同时能够更好地保证基坑与周边环境的安全。

本章“基坑支护工程”对应原2002版规范的第七章“基坑工程”一章，2002版规范中桩基础一章共分8小节，分别为：一般规定、排桩墙支护工程、水泥土桩墙支护工程、锚杆及土钉墙支护工程、钢或混凝土支撑系统、地下连续墙、沉井与沉箱、降水与排水。此次2018修订版中，“基础工程”一章共分12小节，在原有分节基础上，增添并细分了：一般规定、排桩、板桩围护墙、咬合桩围护墙、型钢水泥土搅拌墙、土钉墙、地下连续墙、重力式水泥土墙、土体加固、内支撑、锚杆、与主体结构相结合的基坑支护。2018修订版相较之下，比2002版本更为细化具体。并将沉井与沉箱移至第五章“基础工程”章节，降水和排水则单辟新章节，强调其重要性。

2002版中第五章“桩基础”中有2处强制性条文，原7.1.3条和原7.1.7条。此次2018修订版中，将原5.1.3条强制性取消，修改为现2018版中的第九章土石方开挖中9.1.3条，并强调不仅应与设计工况一致，而且应与施工方案也一致。原7.1.7条此次2018修订版中将其列为一般条款，不做强制性规定，且后半句“当设计有指标时，以设计要求为依据，如无设计指标时应按表7.1.7的规定执行。”及附属表格取消，设计单位及监测单位应对基坑变形的监控值提出要求。

7.1 一般规定

条文说明

7.1.1 条要点说明

基坑支护结构的施工质量控制贯穿施工的整个过程。在基坑支护施工前，应按照设计图纸进行放线，并应在正式施工前进行校核，以防止支护结构侵界为后续主体结构施工带来不利的影响。放线尺寸校核的工作应该从审核施工测量方案开始，在方案中应对施工测量工作提出预案性的要求，以做到防患于未然。校核的依据应原始、正确、有效；校核用的测量仪器与钢尺必须按照计量法规定进行检定和检校；校核的工作须独立，校核的精度应符合规范要求。

在施工过程中，施工组织设计既是工程设计的必要组成部分，又是组织工程施工不可缺少的依据，对现场工程施工活动具有重要的指导作用。因此施工单位在施工前应当熟悉设计图纸并要严格按照设计图纸的要求编制施工组织设计，并依据施工组织设计对各项施工参数进行复核。

支护结构在施工完成后，应按照规范要求进行养护，且在达到一定的养护期后才能达到设计要求。因此质量验收宜在一定养护期后进行，这样才能真实地反映出基坑支护结构的施工质量。

7.1.2 条要点说明

围护结构施工质量的好坏将直接决定基坑的安全与否。如果施工质量较差，在开挖时基坑有可能会失稳，对施工人员和机械设备造成掩埋性破坏，严重危及施工安全，同时也会危及周边建（构）筑物的安全和稳定。因此围护结构的施工质量验收应在基坑开挖前进行，只有通过了质量验收方可进行基坑的开挖。对于支锚结构的围护体系，由于其支护结构的特殊性，锚杆（索）的质量验收须在对应的分层土方开挖前进行。

围护结构的质量、强度、几何尺寸、位置偏差、平整度等项目均对围护结构的质量有着重大的影响，直接决定了整个基坑在基坑开挖阶段的安全性、稳定性。在质量验收时，应根据相应的验收规范进行验收，所有的验收项目均应当满足相关规范要求。

7.1.3 条要点说明

基坑开挖的过程也是土压力逐渐释放的过程，基坑的开挖深度越深，围护结构承受的土压力、水压力等也会越来越大，基坑的危险性也会越来越大。因此基坑在分层开挖期间，需要加强对整个基坑的巡视，加强对围护结构的监测等，实时掌握围护结构的状况。本条给出的检查项目，均可反映出基坑支护结构的质量及基坑的稳定性。

基坑开挖面围护墙的表观质量的好坏，可以通过施工现场观察得出；支护结构的变形情况、渗漏水情况以及支撑竖向构件的垂直度偏差情况可通过监测单位的监测报告中得出，如果监测数据发生异常的变化，需要及时的上报参建各方进行协调解决。

7.1.4 条要点说明

主控项目是保证工程安全和使用功能的重要检验项目，是对安全、卫生、环境保护和公众利益起决定性作用的检验项目。主控项目的验收必须严格要求，不允许有不符合要求的检验结果。

其他项目即一般项目，是除主控项目以外的检验项目，虽不像主控项目那样重要，但对工程安全、使用功能，重点的美观都是有较大影响的。按照常规的检验标准，通常都按照检验批进行抽取检验。检验批通常按下列原则划分：

1. 检验批内质量基本均匀一致，抽样应符合随机性和真实性的原则。

2. 贯彻过程控制的原则，按施工次序、便于质量验收和控制关键工序的需要划分检验批。

7.1.5 条要点说明

基坑支护是为保证地下结构施工及基坑周边环境的安全，对基坑侧壁及周边环境采用的支挡、加固与保护措施。其主要的作用就是保护周边环境的安全，保证地下结构的顺利施工。

基坑支护工程验收是审查支护工程从设计到施工的各个方面是否按照规范要求进行设计、施工，检查各个施工记录是否完整，来判断支护工程是否合格。因此必须在保证支护结构的安全和周边环境安全的前提下才能进行验收，否则验收将毫无意义。

7.2 排桩

条文说明

7.2.1 条要点说明

原材料的质量对整个工程的质量起着举足轻重的作用。如果对原材料抽样复检频次不足，抽检不符合规范要求，容易使不合格材料混入进场，产生严重的工程质量问题，并且会对以后的原材料的追溯造成影响，所以原材料的检验是非常重要的质量控制点。

灌注桩排桩和截水帷幕施工前原材料的检验应当从原材料的采购、进场验收、抽样送检、监督保管及使用过程几个方面进行质量控制。按标准规定，到场原材料在使用前应抽样进行现场复试，复试合格才能用于工程。特别要注意国家发布的《工程建设标准强制性条文》中规定的试验项目。现场抽样复试工作可以由业主（监理）单位做，也可以由用料单位做。但取样人员应经过培训，熟悉有关规范中原材料的性能和取样的具体要求，能按规定的方法和数量抽取试样，送有资质的试验室试验。

7.2.2 条要点说明

试成孔的作用是便于核对地质资料，检验所选的设备、机具、施工工艺以及技术要求是否适宜。如孔径、垂直度、孔壁稳定和沉淤等检测指标不能满足设计要求时，应拟定补救技术措施，或重新选择施工工艺。

试成孔可选择非排桩设计位置进行，有成熟施工经验时也可选择排桩设计位置进行成孔。在钻进成孔至设计桩底标高并完成一清后，静置一段时间（模拟成孔至成桩的施工历时时段，通常宜取 12h～24h 或按设计要求）考察孔壁的稳定性。选取非排桩设计位置进行试成孔时，试成孔完毕后的孔位应以砂浆或其他材料密实封填。

7.2.3 条要点说明

灌注桩排桩施工过程中的质量控制十分重要，因此须在施工过程中做好各种施工记录用以后期的质量验收。其中灌注桩成孔应检查其孔深、孔径等；钢筋笼应检查其主筋数量、长度、间距，箍筋间距等；混凝土灌注时应当按照检测要求留置试块。只有全面的把控施工过程中的各项技术指标，才能更好地保证施工质量，确保基坑的安全。

7.2.4 条要点说明

检测是确保工程质量的关键环节，是对建筑工程质量的监督、指正，对于反映建筑工程的质量现状有着极其重要的作用。检测必须委托第三方有资质的检测单位进行检测，因为检测机构出具的检测报告不仅建设方要用，监理方要用，设计方要用，施工单位要用，质量监督部门、建设行政主管部门也要用。

本条中对灌注桩排桩的检测进行了规定：

1. 桩身完整性检测：灌注桩排桩的桩身完整性检测应采用低应变动测法，该方法检测简便，且检测速度较快。桩身完整性检测结果有以下几类：完整桩、缩颈（夹泥）桩、离析桩、扩颈桩、断裂桩等。下面为几种检测的波形图，不同的波形图可以反映出桩身完整性的不同状况：

完整桩：一般完整桩在时程曲线上的特征为：波形规则，波列清晰，桩底反射波明显，易于读取反射波到达（图 7-1）。

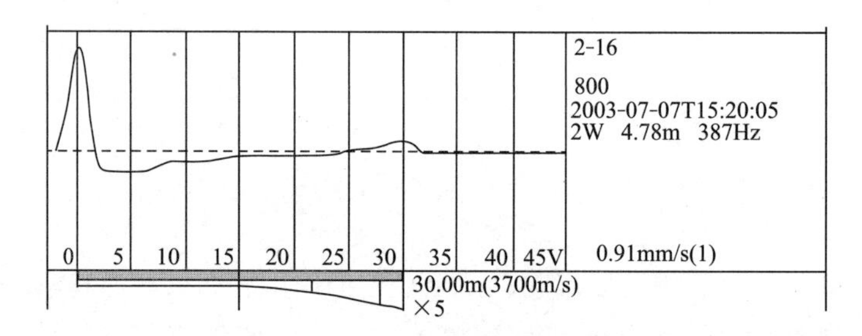

图 7-1 完整桩时程曲线

缩颈（夹泥）桩：缩颈处截面积变小，波阻抗减小，应力波遇到缩颈会产生与入射波振动方向同相的反射，波形比较规则，波速一般正常。一般能看到桩底反射，若缩颈部位较浅，缩颈还会出现几次反射，但若缩颈程度严重，则难以看到桩底反射（图 7-2）。

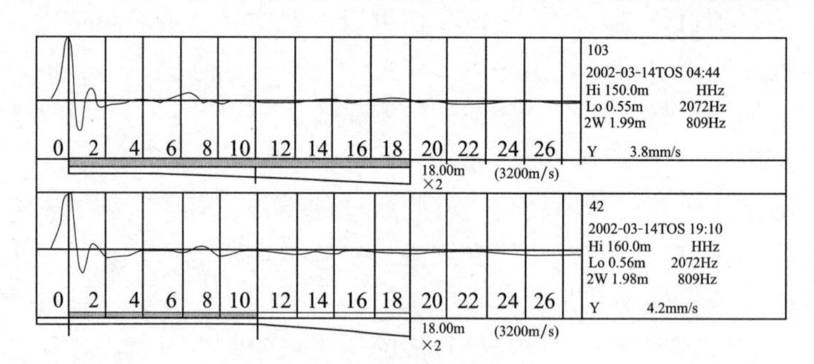

图 7-2 缩颈桩曲线

扩颈桩：扩颈桩在曲线上反射波形较为规则，扩颈处的反射波呈反相，或先反相后续同相，也可能有多次反射，一般情况能看到桩底反射。需要注意的是，如果桩周土较硬，波形曲线上也会出现类似于扩颈的反射波，如图 7-3 所示。

2. 声波透射法检测桩身混凝土质量：声波透射法检测相对于其他检测方法来是最稳定的、可靠性也最高，而且测试值是有明确物理意义的量，与混凝土强度有一定的相关性，是进行综合判定的主要参数。

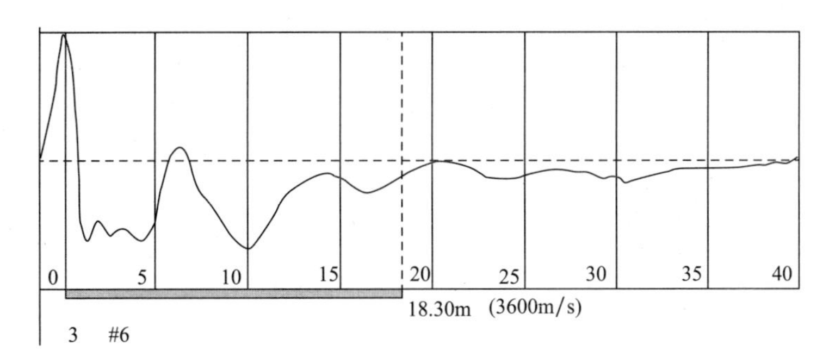

图 7-3 扩颈桩曲线

3. 根据桩的检测报告，可以判定出每根受检桩的完整性，并有表 7-1 所示的划分：

桩身完整性检测结果分类 **表 7-1**

桩身完整性类别	分类原则
Ⅰ类桩	桩身完整
Ⅱ类桩	桩身存在轻微缺陷
Ⅲ类桩	桩身存在明显缺陷
Ⅳ类桩	桩身存在严重缺陷

当桩身完整性为Ⅲ类、Ⅳ类时，需要采用钻孔取芯的方法，进一步验证其是否存在较大的质量问题。若钻孔取芯法检测的结果与其他检测结果一致，则需要参建各方协调确定补修方案。

7.2.5 条要点说明

灌注桩的试件强度是检验桩体材料质量的重要手段之一，因此，灌注桩在施工过程中必须留置供检验的试件。与 2002 版规范相比，本标准对于试件的留置要求进行了适当的放松：由“小于 $50m^3$ 的桩，每根桩必须有 1 组试件。”调整为“单桩不足 $50m^3$ 的桩，每连续浇筑 12h 必须至少留置 1 组混凝土强度试件。”调整的目的是为了减少试件的留置数量，减少材料的浪费。

对于抗渗等级有要求的灌注桩，须留置抗渗等级检测试件，如若试件检测结果表明抗渗等级未达到设计要求，则需要采取相应的措施进行处理。

另外，试件的检测应当由有资质的检测单位进行检测，试件的养护应参照相应标准。

7.2.6 条要点说明

本条给出了灌注桩排桩质量检测各项目的检验标准及检查方法，现对本条的规定以及本次修订的变化做几点说明：

1. 偏差值的调整

根据建筑工程的实际情况，本标准修订时，组织参编单位对上海、北京、广东等地区灌注桩排桩的偏差进行了调研。根据调研情况与建筑工程的发展与变化，对允许的偏差值进行了适当的调整（表 7-2）。

一般项目中的孔直径、桩位、沉渣厚度、混凝土坍落度、桩顶标高等项目的允许偏差值都有所调整。调整后的允许偏差值总体更趋合理，更接近当前灌注桩施工的实际情况。

旧规范与新标准允许偏差值对比 **表 7-2**

项目	旧规范允许偏差	新标准允许偏差值	变化情况
孔直径	±50mm	不小于设计值	适当提高
桩位	——	≤50mm	新增
沉渣厚度	端承桩≤50mm	≤200mm	合理放松
	摩擦桩≤150mm		
混凝土坍落度	水下灌注：160mm～200mm	180mm～220mm	合理放松
	干施工：70mm～100mm		
桩顶标高	－50mm～＋30mm	±50mm	合理放松

2. 主控项目与一般项目的调整

① 主控项目中孔深与嵌岩深度分为两条（旧规范是在孔深一条中进行规定），突出嵌岩的重要性。

② 原为主控项目的钢筋笼长度调整为一般项目，原为主控项目的桩位调整为一般项目。

③ 在一般项目中增加了钢筋连接质量，加强了对钢筋连接质量的检验。

7.2.7 条要点说明

截水帷幕的作用是阻隔或减少地下水通过基坑侧壁与坑底流入基坑。因此在基坑开挖之前必须对截水帷幕的质量进行检测。钻孔取芯法检测截水帷幕的抗压强度、完整性、深度等指标较其他方法更为准确、直观，且取芯应当随机进行。

7.2.8 条要点说明

本条为新版标准的新增内容，对单轴水泥土搅拌桩与双轴水泥土搅拌桩质量检验的项目与允许值及检查方法进行了规定。主要参考的规范有《建筑基坑支护技术规程》JGJ 120。

水泥用量、桩长、桩径均直接关系围护结构的质量，本版规范中对水泥用量、桩长、桩径等验收都提出了验收标准，在基坑工程开挖前应着重检测这些项目，确保基坑的安全性。而提升速度、下沉速度、水胶比等项目的检查，是为了更好地指导施工，防止在施工中出现偷工减料、搅拌不均匀等情况的出现。

7.2.9 条要点说明

本条为新版标准的新增内容，对三轴水泥土搅拌桩质量检验的项目与允许值及检查方法进行了规定。主要参考的规范有《建筑基坑支护技术规程》JGJ 120。

水泥用量、桩长、桩径均直接关系围护结构的质量，本版规范中对水泥用量、桩长、桩径等验收都提出了验收标准，在基坑工程开挖前应着重检测这些项目，确保基坑的安全性。而提升速度、下沉速度、水胶比等项目的检查，是为了更好的指导施工，防止在施工中出现偷工减料、搅拌不均匀等情况的出现。

7.2.10 条要点说明

渠式切割水泥土连续墙施工技术为近年来的一种新型的水泥土墙体的施工技术，根据其技术特点，本版标准对渠式切割水泥土连续墙质量检验的项目与允许值及检查方法进行了规定。主要参考《渠式切割水泥土连续墙技术规程》JGJ/T 303。下面对于本版标准的规定做几点说明：

1. 偏差值的调整

检测项目的偏差允许值与《渠式切割水泥土连续墙技术规程》JGJ/T 303 规范中规定的偏差值基本一致。

2. 主控项目与一般项目的调整

① 本标准在主控项目中，增加了水泥用量的检查，用以确保墙体强度能够达到设计标准，确保连续墙的质量。

② 在一般项目中也对其水灰比、施工速度等方面提出了检验标准，防止了搅拌不充分导致墙体质量无法达到检验标准。

7.2.11 条要点说明

本条为新版标准的新增内容，对高压喷射注浆截水帷幕质量检验的项目与允许值及检查方法进行了规定。主要参考的规范有《建筑基坑支护技术规程》JGJ 120。

水泥用量、桩长、桩身强度等均直接关系围护结构的质量，本版标准中对水泥用量、桩长、桩径等验收都提出了验收标准，在基坑工程开挖前应着重检测这些项目，确保基坑的安全性。

7.3 板桩围护墙

条文说明

7.3.1 条要点说明

用于基坑支护工程的钢板桩，应进行外观表面缺陷、长度、宽度、厚度、高度、端头矩形比、平直度和锁口形状等检验、对桩上影响打设的焊接件割除（有割孔、断面缺损应补强）。有严重锈蚀，量测断面实际厚度，予以折减。

预制钢筋混凝土板桩在施打前要严格检查桩的截面尺寸是否符合设计要求，误差是否在规定允许范围之内，特别对桩的相互咬合部位，无论凸榫或凹榫均须详细检查以保证桩的顺利施打和正确咬合，凡不符合要求的均要进行处理。板桩的运输、起吊堆放均要保证不损坏桩身，不出现裂缝。

7.3.2 条要点说明

本条给出了钢板桩围护墙质量检测各项目的检验标准及检查方法，现对本条的规定以及本次修订的变化做几点说明：

1. 偏差值的调整说明

本版标准中的偏差允许值与 2002 版规范一致。

2. 主控项目与一般项目的调整

① 与原规范相比，将检查项目分为了主控项目与一般项目。其中，在主控项目中新增了桩顶标高项目，在一般项目中增加了轴线位置与齿槽咬合程度两项项目。

② 本版标准对检测项目的调整，更加明确了钢板桩质量检验项目与侧重点。同时也对施工单位提出了新的要求：在施工中要定位准确、桩顶标高要更加准确以保证基坑的安全性；要确保钢板桩咬合紧密以确保钢板桩的止水效果。

7.3.3 条要点说明

本条给出了预制混凝土板桩围护墙质量检测各项目的检验标准及检查方法，现对本条的规定以及本次修订的变化做几点说明：

1. 偏差值的调整说明

本版标准中的偏差允许值与 2002 版规范一致。

2. 主控项目与一般项目的调整说明

① 在主控项目中增加了桩顶标高；另外与原规范相比，将桩身厚度与凹凸槽尺寸两项由一般项目变成了主控项目。

② 在一般项目中增加了沉桩垂直度、轴线位置与板缝间隙三项检查项目。

③ 本版标准对于检测项目的调整，加强了预制混凝土板桩的成品检测，同时也对施工单位提出了更加具体的要求来确保支护结构的质量。

7.4 咬合桩围护墙

条文说明

7.4.1 条要点说明

导墙是为了更好的保证咬合桩能够准确定位，确保钻机平稳，并承受一定的施工荷载。导墙质量的好坏直接影响咬合桩的施工质量，因此在施工前，应对导墙的质量进行检查。检查的项目有：导墙平面位置、导墙宽度、墙面平整度、导墙垂直度等。

咬合桩施工前在应在平整地面上进行套管顺直度的检查和校正。首先检查和校正单节套管的顺直度，然后将按照桩长配置的套管全部连接起来进行整根套管（15～25m）的顺直度检查和校正。检测方法：在地面上测放出两条相互平行的直线，将套管置于两条直线之间，然后用线锤和直尺进行检测。

7.4.2 和 7.4.3 条要点说明

坍落度是指混凝土的和易性，具体来说就是保证施工的正常进行，其中包括混凝土的保水性，流动性和黏聚性。由于咬合桩混凝土一般初凝时间都比较长，为了保证围护墙质量，需要对混凝土坍落度至少进行前、后阶段各一次检验，每次测量数据均应符合检验标准。

坍落度的测试方法：用一个上口 100mm、下口 200mm、高 300mm 喇叭状的坍落度桶，分三次填装灌入混凝土。每次填装后用捣锤沿桶壁均匀由外向内击 25 下，捣实后，抹平，然后拔起桶，混凝土因自重产生坍落现象，用桶高（300mm）减去坍落后混凝土最高点的高度，称为坍落度。如果差值为 100mm，则坍落度为 100。

根据行业标准《咬合式排桩技术标准》JGJ/T 396 的规定，并结合近年来的施工经验，对咬合桩质量验收标准提出了验收项目与允许偏差值，现在做出以下几点说明：

1. 主控项目中，对导墙、钢套管等项目进行检验，是为了保证咬合桩桩径与垂直度。

2. 一般项目中对导墙质量、钢筋笼质量都做出了检验要求，目的是为了保证施工便利性与施工的质量。因为导墙质量的好坏，将会影响咬合桩的成孔施工的质量与便利性；钢筋笼的施工如果不按照设计要求进行施工，将会导致钢筋笼下沉困难，从而导致咬合桩无法浇筑混凝土。

7.5 型钢水泥土搅拌墙

条文说明

7.5.1 条要点说明

进场的 H 形钢应当进行如表 7-3 所示内容的检验。

进场的 H 形钢检验 **表 7-3**

序号	检验项目	检验要求和标准	检验工具	检验方法及步骤
1	表面外观检查	表面不得存在使用上的缺陷，不得有明显扭转 不可有塌角、腿扩及腿并	目视	目视产品表面是否符合标准
2	尺寸检查	按照订单要求核对其长度、规格；尺寸符合国家标准	卡尺、卷尺、千分尺	用卡尺或卷尺测量其外形尺寸 用千分尺测量其腰厚
3	成分及机械性能	检查其对应的材质报告，符合国家标准，每个批次必须提供和检验一次	数据参考客户或国家标准	报告不全的来料，一律拒收
4	弯曲度检查	每米弯曲度≤3mm，总弯曲度≤总长的 0.30%	塞尺	把产品放在检验平台上，用塞尺测量产品各个面是否符合标准
5	外缘斜度检查	$T \leqslant 1.5\%B$ $2T \leqslant 2.5\%B$	翼缘斜度卡板 游标卡尺	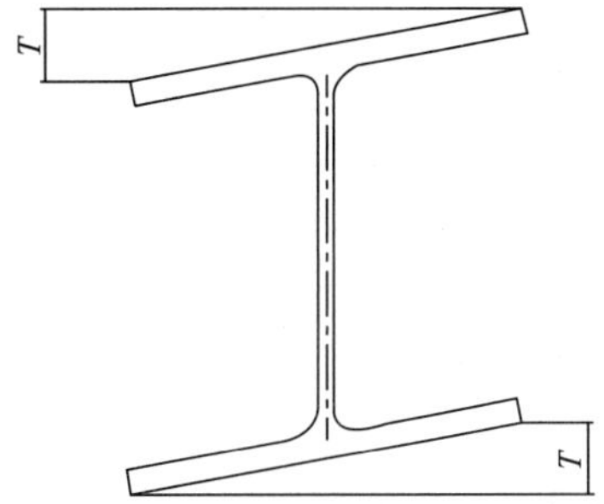 用翼缘斜度卡板放置其腹板，贴合外缘，再使用卡尺测量其缝隙
6	腰弯挠度	$W \leqslant 1.5t_1$	伸缩平尺 塞尺	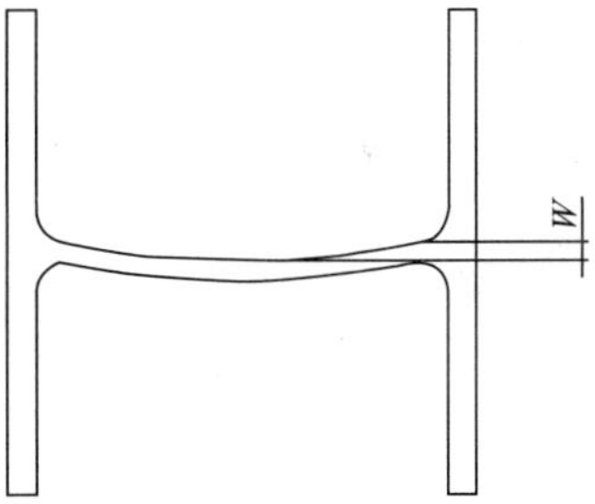 使用伸缩平尺拉至腹板两侧，用塞尺测量其缝隙
7	防护检查	运输中产品未做防护淋雨的拒收	目视	具体依据《产品包装防护检验指导书》执行
8	单据、报告	三无产品，送货单、订单复印件、相对应的报告缺一拒收	目视	是否符合订单规格与型号

7.5.2 条要点说明

H 形钢焊缝质量的好坏决定了整根 H 形钢的强度与刚度的好坏。因此 H 形钢成型的焊缝属于一级焊缝，除了外观检测外还必须 100%的焊缝超声波探伤检测。

7.5.3 条要点说明

在型钢水泥土搅拌桩（墙）围护中，水泥土桩（墙）不仅起到隔水作用，同时还作为受力构件。根据实际工程经验和室内试验结果，当水泥土搅拌桩的强度能得到保证，渗透系数一般在 10^{-7}cm/s，基本处于不透水的情况，因此在基坑开挖前需要对水泥土桩（墙）

进行强度检验。

钻取桩芯是一种比较可靠的桩身强度检验方法，宜采用扰动较小的取土设备来获取芯样，聘请有经验的专业取芯队伍，严格按照要求取样，钻取芯样应立即密封并及时进行强度试验。

7.5.4 条要点说明

本条为新版标准的新增内容，对内插型钢的质量检验项目与允许值及检查方法进行了规定。主要参考的规范有《型钢水泥土搅拌墙技术规程》JGJ/T 199。

本标准对内插型钢的质量检验区分了主控项目与一般项目，并增加了型钢平面位置、型钢型心转角两个检验项目，主要是从型钢本身质量与施工质量两个方面进行检验。在施工前，应严格检查进场型钢的质量，因为型钢质量的好坏决定了围护结构质量的好坏，在施工过程中应该检查其施工工艺、操作流程，保证施工质量达到设计要求。

7.6 土钉墙

条文说明

7.6.1 条要点说明

土钉墙支护是一种原位土体加筋技术。它是将基坑边坡通过由钢筋制成的土钉进行加固，边坡表面铺设一道钢筋网再喷射一层混凝土面层和土方边坡相结合的边坡加固型支护施工方法。因此在施工前必须检验钢筋、水泥、砂石等原材料是否达到设计要求并做好验收记录。另外在正式施工前应对机械设备的性能进行校核检验，确保进场设备能够满足施工要求。

7.6.2 条要点说明

土钉墙支护关于放坡系数，土钉位置，土钉孔直径、深度及角度，土钉杆体长度，注浆配合比、注浆压力及注浆量，喷射混凝土面层厚度、强度等项目都是由设计计算设计确定，各项目都应满足相关的规范要求，因此在检验过程中应当参考相关规范与设计文件，对各个项目进行检验并做好验收记录。

7.6.3 条要点说明

土钉抗拔能力的决定因素取决于以下三者的最小者：土钉材料自身强度；土钉与水泥浆体的粘结力；水泥浆体与地层之间的粘结力。

土钉杆体材料多采用钢筋，通过室内材料试验可以确定强度；土钉与水泥浆体的粘结力受水泥大，取决于其施工工艺，也可根据规范取值；水泥注浆体与地层之间的粘结强度的确定可以采用如下几种方法：（1）考虑地质勘察报告提供的钻孔灌注桩的侧壁摩阻力值。（2）采用经验公式取值。（3）查阅相关规范、规程提供的经验值。（4）通过现场拉拔试验确定土钉注浆体与地层之间的摩阻力强度。为了获得最佳设计参数，土钉应进行抗拔试验。需要特别注意的是：检测的土钉应是专门用于测试的非工作钉。为消除加载试验时支护面层变形对粘结界面强度的影响，测试钉在距孔口处应保留不小于 1m 长的非粘结段。在试验结束后，非粘结段再用浆体回填。

7.6.4 条和 7.6.5 条要点说明

本标准在原规范的基础上，结合《建筑基坑支护技术规程》JGJ 120 与施工经验，对土钉墙支护工程质量的验收做出了规定，现在做出以下几点说明：

1. 相比较原规范，本标准的部分检查项目更为严格：土钉长度不应小于设计值。

2. 在主控项目中增加了抗拔承载力检验，强调了抗拔承载力检验的重要性，因为土钉的抗拔承载力检测是工程质量竣工验收的依据。

3. 在一般项目中对于面层混凝土强度、注浆压力、水灰比等都提出了相关的检测要求，目的是为了进一步保证土钉的抗拔力，以保证基坑的安全性。

7.7 地下连续墙

条文说明

7.7.1 条要点说明

导墙又叫导向槽（图 7-4），是地下连续墙施工中一个很重要的临时构筑物。在地下连续墙成槽前，应砌筑导墙，做到精心施工，确保准确的宽度、平直度和垂直度，以免影响地下连续墙的轴线和标高。

导墙的形式有预制和现浇两种。现浇导墙较为普遍，质量易保证；预制导墙质量不易控制，应用比较少。导墙应重点检查导墙中心轴线、宽度和内侧模板的垂直度，拆模后检查支撑是否及时、正确。强度及稳定性应满足成槽设备和顶拔接头管施工的要求。

图 7-4 导墙

7.7.2 条要点说明

施工过程中应对上述各项参数及施工情况进行及时、准确、详细的记录。如发现问题，应及时对施工过程分析找出原因，并提出相应的解决措施，并在后续施工中加强各项检测频率，从而做到对地下连续墙施工进行有效的监控，将工程隐患解决在萌芽阶段。如果这些质量问题得不到及时解决，会发生地下连续墙垂直度偏差过大的情况，在后期基坑开挖过程中造成地下连续墙渗（漏）水、基坑变形过大等工程隐患，影响整个基坑工程的顺利施工。

7.7.3 条要点说明

对于兼作永久结构的地下连续墙，必然与楼板、顶盖等构成整体，工程中采用接驳器（锥螺纹或直螺纹）已较普遍，但生产接驳器厂商较多，使用部位又是重要节点，必须对接驳器的外形及力学性能复验以符合设计要求。另外，每次材料进场前，应设专门人员检查材料与质保书的符合情况，并针对不同材料进行取样复验。钢筋接驳器见图 7-5。

图 7-5　钢筋接驳器

7.7.4 条要点说明

混凝土抗压强度是判定混凝土质量的主要依据之一，地下连续墙的墙身强度检测通常采用试块抗压强度试验的方法。由于施工过程中产生的各种问题、对墙身混凝土强度产生异议时，可采用钻孔取芯的方法进行强度检测，作为墙身强度检测的参考依据。

混凝土抗渗试验的目的是通过对混凝土抗渗性能的检测来判断其抗渗等级，从而确保工程质量。对于有抗渗要求的混凝土结构，其混凝土试件应在浇筑地点随机取样。同一工程、同一配合比的混凝土，取样不应少于一次，留置组数可根据实际需要确定。抗渗要求检验方法为：检查试件抗渗试验报告。混凝土试块见图 7-6。

图 7-6　混凝土试块

7.7.5 条要点说明

由于地下连续墙是地下隐蔽工程，施工工艺复杂、难度大、工程质量要求高。在施工过程中，容易出现各种不可见的问题。地下连续墙在混凝土浇筑中可能出现沉渣过厚、接头渗漏、空洞、断层、离析等质量问题，导致墙体混凝土的质量缺陷，影响工程进行和墙体质量，甚至引发严重工程事故。利用钢尺测绳等常规测量工具已无法满足当前的施工要求，目前，比较常用的方法是声波透射法。

声波透射法指在预埋声测管之间发射并接收声波，通过实测声波在混凝土介质中传播的声时、频率和波幅衰减等声学参数的相对变化，对墙身完整性进行检测的方法。本方法适用于已预埋声测管的混凝土墙身完整性检测，判定桩身缺陷的程度并确定其位置，该法具有经济、无损、快速、便于分析等优点，而在地下连续墙质量检测中得到较为广泛的应用。墙身质量检测还可结合钻芯法将其结果进行对比，从而得出更符合实际情况的分类。超声波仪器见图 7-7，现场检测见图 7-8。

图 7-7　超声波仪器

图 7-8　现场检测

7.7.6 条要点说明

本条给出了地下连续墙质量检测各项目的检验标准及检查方法，现对本条的规定以及本次修订的变化做几点说明：

1. 偏差值的调整

根据建筑工程的实际情况，本标准修订时，组织参编单位对各地区地下连续墙的偏差进行了调研。对允许的偏差值进行了适当的调整，调整后的允许偏差值总体更趋合理，更接近当前地下连续墙施工的实际情况。

2. 地下连续墙成槽及墙体允许偏差表格（表 7-4）

旧规范与新标准允许偏差值对比　　表 7-4

<table>
<tr><th colspan="2" rowspan="2">项目</th><th colspan="2">旧规范允许偏差</th><th colspan="2">新标准允许偏差值</th><th rowspan="2">变化情况</th></tr>
<tr><th>单位</th><th>数值</th><th>单位</th><th>数值</th></tr>
<tr><td colspan="2">墙体强度</td><td colspan="2">设计要求</td><td colspan="2">不小于设计值</td><td>基本一致</td></tr>
<tr><td colspan="2">槽段深度</td><td>mm</td><td>+100</td><td colspan="2">不小于设计值</td><td>合理放松</td></tr>
<tr><td rowspan="2">槽壁垂直度</td><td>临时结构</td><td colspan="2">≤1/150</td><td colspan="2">≤1/200</td><td>合理放松</td></tr>
<tr><td>永久结构</td><td colspan="2">≤1/300</td><td colspan="2">≤1/300</td><td>一致</td></tr>
</table>

续表

项目		旧规范允许偏差		新标准允许偏差值		变化情况
		单位	数值	单位	数值	
导墙尺寸	宽度设计墙厚+40mm	—		mm	±10	合理放松
	垂直度	新增项目		≤1/500		—
	导墙顶面平整度	mm	<5	mm	±5	基本一致
	导墙平面定位	mm	±10	mm	±20	合理放松
	导墙顶标高	新增项目		mm	±20	—
槽段宽度	临时结构	新增项目		不小于设计值		—
	永久结构	新增项目		不小于设计值		—
槽段位	临时结构	新增项目		mm	≤50	—
	永久结构	新增项目		mm	≤30	—
沉渣厚度	临时结构	mm	≤200	mm	≤150	适当提高
	永久结构	mm	≤100	mm	≤100	一致
混凝土坍落度		mm	180～220	mm	180～220	一致
地下连续墙表面平整度	临时结构	mm	±150	mm	±150	一致
	永久结构	mm	±100	mm	±100	一致
	预制地下连续墙	mm	±20	mm	±20	一致
预制墙顶标高		新增项目		mm	±10	—
预制墙中心位移		新增项目		mm	≤10	—
永久结构的渗漏水		新增项目		无渗漏、线流，且≤0.1L/(m^2·d)		—

3. 主控项目与一般项目的调整

地下连续墙成槽及墙体允许偏差表格中，原一般项目中的槽段深度调整为主控项目，突出槽段深度的重要性，槽段深度与地墙插深紧密相连，关系到基坑围护的安全稳定。

4. 新增泥浆性能指标表格、钢筋笼制作与安装允许偏差表。

7.8 重力式水泥土墙

7.8.1 条要点说明

水泥进场时应对其品种、级别、包装或散装仓号、出厂日期等进行检查，并应对其强度、安定性及其他必要的性能指标进行复验，其质量必须符合现行国家标准《通用硅酸盐水泥》GB 175 等的规定。检查数量：按同一厂家、同一等级、同一品种、同一批号且连续进场的水泥，袋装不超过 200t 为一批，散装不超过 500t 为一批，每批抽样不少于一次。检验方法：检查产品合格证、出厂检验报告和进场复验。

掺合料的质量应通过试验确定。检查数量为按进场的批次和产品的抽样检验方案确定。检验方法：检查出厂合格证和进场复验报告。

搅拌桩机设备须检测合格后方可使用。搅拌桩机性能直接影响水泥土成桩质量，主要有三个因素决定：搅拌次数、喷浆压力、喷浆量。当喷浆压力一定时，喷浆量大的成桩质量好；当喷浆量一定时，喷浆压力大的成桩质量好。提高水泥土搅拌桩的配备能力，是保证水泥土搅拌桩成桩质量的重要条件。水泥土搅拌桩机配备的泥浆泵工作压力不宜小于5.0MPa。

7.8.2 条要点说明

水泥土搅拌桩取芯强度检测是目前搅拌桩强度检测的一种常规方法，是在搅拌桩达到一定龄期后，通过地质钻机，连续钻取全桩长范围内的桩芯（图 7-9），并对取样点芯样进行无侧限抗压强度试验的检测方法。采用钻芯取样检测桩身强度时应注意以下内容：

图 7-9　全桩长范围内的桩芯

（1）取样做试块强度试验时不得采用桩顶冒浆制作，所以规定应在基坑坑底以上 1m 范围内和坑底以上最软弱土层处的搅拌桩内设置取样点；宜采用专用的装置取浆液制作试块。

（2）应在有效桩长范围内钻取桩芯试样做抗压强度试验。同一取样位置可在上、中、下 3 点取得试样，试样抗压强度标准值取 3 点的平均值。取样点的具体点位可根据实际桩长范围内土层分布情况确定。钻取桩芯试样首先应进行直观检查，桩芯试样呈硬塑状态时为合格，呈软塑状态时为不合格，呈可塑状态时质量欠佳；直观检查合格后再进行强度试验。由于钻取桩芯会在一定程度上损伤桩芯试样，故规定宜将试验值乘以 1.2～1.3 的补偿系数。

由于水泥搅拌桩是一种非均质桩，在钻探取芯过程中水泥土很容易破碎，取出的试件做强度试验很难保证其真实性。同时取芯操作时会对桩体产生扰动破坏，致使桩体强度和承载力有所下降，影响软基加固处理的整体效果，所以必须和其他检测方法结合起来，才能全面检测桩的质量。

7.8.3 条要点说明

基坑开挖期间，由于仅能观测到桩身外观质量和桩身渗漏水情况，所以基坑开挖期间应重点对这两个方面进行质量检查。对开挖面桩身外观应检查桩体是否圆匀，有无缩颈和回陷现象；搅拌是否均匀，凝体有无松散；群桩桩顶是否平齐，间距是否均匀，桩身有无渗漏水。施工过程中应做好资料的记录与整理。

7.8.4 条要点说明

无。

7.9 土体加固

条文说明

7.9.1 条要点说明

基坑采取加固处理属于地下隐蔽工程，施工质量的控制十分重要。虽在施工时不能直接观察到加固的质量，但可以通过施工过程中的工序操作、工艺参数和浆液浓度等因素的实际执行情况和土层的各种反应来控制加固施工质量。故在基坑施工过程中加强质量控制显得极为重要。地基采取加固处理后，效果好坏无法确定，直接开挖有不确定性。加固体应进行必要的试验和质量检验，以数据判断加固的有效性，提高工程的可靠性，减少工程风险。

7.9.2 条要点说明

水泥土搅拌桩加固控制施工质量的关键是水泥土的强度、桩体的相互搭接、水泥土桩的完整性和深度。所以，主要检测水泥土固结体的直径、搭接宽度、位置偏差、单轴抗压强度、完整性及水泥土墙的深度。当检验结果不满足设计要求时，应分析原因，提出处理措施。对重要的部位，应增加检验数量。钻孔取芯是检验固结体质量的常用方法，选用时需要以不破坏固结体和有代表性为前提，可以在 28d 后取芯。

7.9.3 条要点说明

对注浆加固效果的检验要针对不同地层条件采用相适应的检测方法，并注重注浆前后对比。对水泥为主的注浆加固的检测时间有明确的规定，土体强度有一个增长的过程，故验收工作应在施工完毕后 28d 进行。对注浆加固效果的检验，加固地层的均匀性检测十分重要。

注浆加固带有不均匀性，比较适合采用能从宏观上反应的检测手段。标准贯入试验和静力触探试验是一种有损检测方法，这两种方法虽然仅能反应调查孔加固效果，但却是一种简单实用的检测方法。

水泥土搅拌桩的静力触探必要时用轻便触探器连续钻取桩身芯样，以观察其连续性和搅拌均匀程度，并判断桩身强度。我国《建筑地基处理技术规范》JGJ 79 规定，经触探检验对桩身强度有怀疑的桩，应在龄期 28d 时用地质钻机钻取芯样（ϕ100 左右），制成试块测定其强度。

7.9.4 条要点说明

见表 7-5。

水泥土搅拌桩检测试验特性对比表 **表 7-5**

检测试验	轻便触探	开挖检测	静载荷试验	抗压强度试验	标准贯入试验
优点	原位测试；可检查均匀性；可判断桩身强度	能检查桩头的外观、桩径、搭接、完整性和均匀性	原位测试是确定承载力最可靠的试验	可得到桩体的强度；从取芯芯样可得知均匀性及桩长	原位测试；能反映桩长的强度、均匀性和桩长
缺点	必须早期进行，当桩体强度很大时，很难以进行，检测深度较小	开挖深度受限，只能做简单复核；若桩体强度很低，开挖后因水分蒸发，强度因此变化大	试验条件与实际荷载条件存在差异；试验延续时间长，耗费人力、物力	水泥土试样制取过程中，受到不同程度的损坏，导致芯样的不连续，影响检测结果的可靠性	若桩体不均匀，击数不能较好地体现强度，导致无法用击数来进行桩体强度判断

续表

检测试验	轻便触探	开挖检测	静载荷试验	抗压强度试验	标准贯入试验
适用条件	检测时间为成桩3d内；检测深度不大于4m	检测时间为成桩7d后；开挖深度1m～2m	检测时间为成桩28d后；检测深度与承压板尺寸有关	取芯试验检测时间为成桩28d后；抗压强度检测龄期90d；整桩检测	检测时间为成桩28d后；整桩检测
经济性	费用较低	费用较低	费用最高	费用相对较高	费用较低
时间耗费	浅层检测，得到结果耗时较少	一般只是桩头浅层开挖检查，耗时较少	试验准备和试验延续时间较长，得到结果耗费时间较长	经历取芯制样、养护和试验等过程，得到结果耗费时间较长	只需进行钻孔取芯、贯入器贯入和提出，得到结果耗费时间较短
反映内容	均匀性、强度	均匀性、挡墙搭接状况	强度	强度、均匀性、桩长	强度、均匀性、桩长

7.10 内支撑

条文说明

7.10.1 条要点说明

内支撑施工前，必须做好测量定位工作，必须精确控制其平直度，以保证钢支撑能轴心受压，一般要求在钢支撑安装时采用测量仪器（卷尺、水准仪、塔尺等）进行精确定位。

对内支撑体系所使用的钢筋和混凝土、钢支撑的产品构件和连接构件以及钢立柱等工程材料进行审查，重点为钢筋见证送检的检测报告，钢筋进场必须附有出厂证明（试验报告）、钢筋标志，并根据相应检测规范分批进行见证取样和检验。混凝土应检查混凝土配合比报告，报告中显示的混凝土坍落度、现场实测坍落度是否满足立柱桩水下灌注混凝土的要求；钢立柱的加工须严格按照设计文件及规范要求进行，进场时进行检查核对，由具有相关资质的检测单位对各构件的焊接焊缝完整性进行探伤检测，并出具相应的检测报告，以保证内支撑体系的质量。全部符合要求后方可使用。

7.10.2 条要点说明

土方开挖至设计钢筋混凝土支撑底面时须设置支撑下垫层；侧模采用多层板及木枋，加固及侧向支撑采用钢管。土方开挖至该支撑标高后，进行整平、夯实、复测标高，保证底模的平整及高程位置，才能浇筑支撑混凝土。

模板施工前材料员、技术员、质检员应对施工所用模板进行检查，要求平整、清洁，满足刚度和强度要求，接缝要平顺；施工人员应根据测量员放出的控制点拉线施工，技术员每3m～5m检查一次模板位置偏差及垂直度；侧模封模之前技术员应对结构范围内基底进行检查，无泥土、杂物后方可封模。

7.10.3 条要点说明

施工结束后应对水平支撑的尺寸、位置、标高进行放样检验，达到规范要求后方可开挖下层土方，如存在问题应及时提出解决方案。对于支撑与围护结构的连接节点中钢筋的绑扎应按照有关规范进行。钢支撑的整体刚度主要依赖于构件之间的连接构造，端板与支撑杆件的连接、支撑构件之间的连接，均应满足截面等强度要求。钢立柱应确保节点在基坑施工阶段能够可靠地传递支撑的自重和各种施工荷载。同时应重点检验钢立柱的垂直度，这将直接影响钢立柱的竖向承载力。

7.10.4 条要点说明

本条给出了钢筋混凝土支撑质量检测各项目的检验标准及检查方法，现对本条的规定以及本次修订的变化做几点说明：

1. 偏差值的调整

根据工程的实际情况，本标准修订时，组织参编单位对各地区钢筋混凝土支撑的偏差进行了调研，对允许的偏差值进行了适当的调整，调整后的允许偏差值总体更趋合理，更接近当前钢筋混凝土支撑施工的实际情况。见表 7-6。

旧规范与新标准允许偏差值对比　　表 7-6

项目	旧规范允许偏差		新标准允许偏差值		变化情况
	单位	数值	单位	数值	
混凝土强度	新增项目		不小于设计值		—
截面宽度	新增项目		mm	+20 0	—
截面高度	新增项目		mm	+20 0	—
标高	mm	±30	mm	+20 0	适当提高
轴线平面位置	mm	100	mm	≤20	适当提高
支撑与垫层或模板的隔离措施	新增项目		设计要求		—

2. 主控项目与一般项目的调整

① 原主控项目中的支撑标高及平面调整为一般项目；

② 新增混凝土强度、截面宽度、截面高度三个主控项目。

7.10.5 条要点说明

本条给出了钢支撑质量检测各项目的检验标准及检查方法，现对本条的规定以及本次修订的变化做几点说明：

1. 偏差值的调整

同 7.10.4 内容 1. 说法，偏差值的调整见表 7-7。

钢支撑质量检测旧规范与新标准允许偏差值对比　　表 7-7

项目	旧规范允许偏差		新标准允许偏差值	
	单位	数值	单位	数值
外轮廓尺寸	新增项目		mm	±5
预加顶力	kN	±50	kN	±10%
轴线平面位置	新增项目		mm	≤30
连接质量	新增项目		设计要求	

2. 主控项目与一般项目的调整

① 原主控项目中的支撑位置调整为一般项目；

② 新增外轮廓尺寸、预加顶力两个主控项目。

7.10.6 条要点说明

本条给出了钢立柱质量检测各项目的检验标准及检查方法，现对本条的规定以及本次修订的变化做几点说明：

1. 偏差值的调整

根据建筑工程的实际情况，本标准修订时，组织参编单位对各地区钢立柱的偏差进行了调研，对允许的偏差值进行了适当的调整，调整后的允许偏差值总体更趋合理，更接近当前钢立柱施工的实际情况。

相比 2002 版规范，此次修订表格中均为新增项目。

2. 主控项目与一般项目的调整

新增截面尺寸（立柱）、立柱长度、垂直度三个主控项目。

7.11 锚杆

条文说明

7.11.1 条要点说明

锚杆材料和部件应满足锚杆设计的物理力学指标和构造要求，还应具有足够的化学稳定性，锚杆原材料质量检验应包括下列内容：

（1）原材料出厂合格证；

（2）材料现场抽检试验报告和代用材料试验报告；

（3）锚杆浆体强度等级检验报告；

（4）锚杆杆体用钢绞线应符合现行国家标准《预应力混凝土用钢绞线》GB/T 5224 的有关规定；钢绞线用锚具应符合现行国家标《预应力筋用锚具、夹具和连接器》GB/T 14370 的规定。

7.11.2 条要点说明

锚杆的检测应符合下列规定：

（1）检测数量不应少于锚杆总数的 5%，且同一土层中的锚杆检测数量不应少于 3 根；

（2）检测试验应在锚杆的固结体强度达到设计强度的 75%后进行；

（3）检测锚杆应采用随机抽样的方法选取；

（4）检测试验的张拉值应按《建筑基坑支护技术规程》JGJ 120 表 4.8.8 取值；

（5）检测试验应按《建筑基坑支护技术规程》JGJ 120 附录 B 的验收试验方法进行；

（6）当检测的锚杆不合格时，应扩大检测数量。

7.11.3 条要点说明

锚杆的锚固质量直接关系到整个基坑的安全，必须对锚杆的锚固质量进行检测、控制。锚杆锚固的质量好坏不但跟锚杆的整体抗拔力有关，而且还跟各段的锚固力有关。只有确定出各个部段的锚固力，才能对锚杆的锚固质量作出正确的评价。

7.11.4 条要点说明

锚杆质量检验包括原材料检验和锚杆抗拔力检验。本节列出了锚杆质量检验的基本内容和检验标准。对设计有特殊要求的锚杆还应按设计要求增加质量检验的内容和标准，以确保锚杆工程的质量。现对本条的规定以及本次修订的变化做几点说明：

1. 偏差值的调整

根据建筑工程的实际情况，本标准修订时，组织参编单位对各地区锚杆的偏差进行了调研，对允许的偏差值进行了适当的调整，调整后的允许偏差值总体更趋合理，更接近当前锚杆施工的实际情况，见表 7-8。

旧规范与新标准允许偏差值对比 **表 7-8**

项目	旧规范允许偏差		新标准允许偏差值		变化情况
	单位	数值	单位	数值	
锚杆抗拔承载力	新增项目		不小于设计值		—
锚固体强度	新增项目		不小于设计值		—
预加力	新增项目		不小于设计值		—
锚杆长度	mm	±30	不小于设计值		适当提高
钻孔孔位	新增项目		mm	≤100	—
锚杆直径	新增项目		不小于设计值		—
钻孔倾斜度	±1°		≤3°		合理放松
水灰比（或水泥砂浆配比）	新增项目		设计值		—
注浆量	大于理论计算浆量		不小于设计值		—
注浆压力	新增项目		设计值		—
自由段套管长度	新增项目		mm	±50	—

2. 主控项目与一般项目的调整

① 原主控项目中的锚杆锁定力检测标准取消。

② 主控项目中新增锚杆抗拔承载力、锚固体强度、预加力三项。

③ 一般项目中取消浆体强度、土钉墙厚度和墙体强度，新增锚杆直径、水胶比、注浆压力和自由段套管。

7.12 与主体结构相结合的基坑支护

条文说明

7.12.2 条要点说明

具体可参见《混凝土结构工程施工质量验收规范》GB 50204 中附录 C 预制构件结构性能检验方法。

7.12.3 条要点说明

桩身的完整性及材料强度等质量问题直接影响整个上部结构的质量。如果桩身存在质量问题而没有及时查出并采取补救措施，将会对整个工程造成无法挽回的损失。提高桩基质量检测工作的质量和检测评定结果的可靠性，对确保工程整体结构质量与满足结构承载力要求具有重要意义。由于桩基声波透射法只能检测桩身部分混凝土质量，对于支承柱，宜同时采用低应变法检测桩端的支承情况。

7.12.4 条要点说明

敲击法的声音信号实际上就是敲击钢管时钢管壁振动时所发出的声音，如果把敲击的钢管混凝土看作振动源的话，该点的声音信号与振动源特性有关（即敲击部位的钢管混凝土质量有关）。如果敲击处钢管与混凝土粘结密实，即该处的混凝土浇筑质量好，则所发出的声音音量小、声音长度短且频率低，往往是戛然而止；反之，如果钢管与混凝土间存在空隙，则所发出的声音音量大、声音长度大且频率高，往往在敲完后还有余音绕耳的感觉。

敲击法只能发现桩体是否有无立柱缺陷，却不能确定缺陷位置，因此，如果发现立柱缺陷应采用其他方法进一步确定桩体缺陷位置。

钢管混凝土组合柱梁柱节点见图 7-10。

图 7-10 钢管混凝土组合柱梁柱节点

7.12.5 条要点说明

竖向支承桩柱的重点检测内容为支承柱的垂直度，由于立柱安装时，土方尚未开挖，为了保证立柱安装的位置和垂直度达到设计要求，就应采用专用装置进行中心位置和垂直度控制。立柱垂直度调控装置可在地面进行，也可在立柱深度范围内进行。通常情况在地面进行调控易于控制，调控效果易于保证。在地面进行调控时，可采用人工机械调垂法和液压自动调垂法。人工机械调垂法可在立柱长度较短时采用，该方法调垂装置较简单，成本较低，操作较方便；当立柱长度较长时，人工机械调控难以达到精度要求，调垂过程时间也较长，在这种情况下，应采用精度和时间易于控制的液压自动调垂法进行立柱垂直度调控。

第 8 章　地下水控制

概　述

随着高层建筑和地下空间利用的发展，我国基坑工程日益增多。因设计或施工不当的基坑工程事故时有发生，其中相当一部分事故是因为地下水控制不当而造成的。目前，基坑工程通常处于建筑物的密集区，基坑开挖过程中如果地下水的问题处理不当，将会对周围环境产生重大影响。因此地下水控制已成为基坑工程的难题之一。基坑中常用的地下水控制技术包括集水明排、降水、截水及地下水回灌。其中，降水包括轻型井点降水、喷射井点降水、管井降水等。截水指设置防渗帷幕，减少或切断基坑内外水力联系。控制因基坑降水而引起的工程性地面沉降，最直接有效的办法是控制地下水水位，而在控制地下水水位的措施中，地下水人工回灌是一种相对经济可靠的措施。

本章“地下水控制”对应原 2002 版规范的第 7 章中的第 8 节“降水与排水”，2002 版规范中针对降排水仅有 6 条条文及一些常规的质量检验标准。随着城市发展越来越快，基坑工程通常处于建筑物的密集区域，大部分基坑开挖过程中，均涉及降水的过程，如果地下水的问题处理不当，将会对周围环境产生重大的影响。因此，对于基坑开挖过程中的地下水控制问题，应当引起足够的重视。2018 修订版将地下水控制单独成为一个章节，对降水施工提出了更加具体细化的要求。

新增章节中，增加了针对降水施工前、过程中及施工后的一般规定，条文中对集水明排、降水井的施工、降水井的检验、抽水试验及封井等方面都提出了相关规定。章节中新增了轻型井点、喷射井点、管井的施工质量检验标准、运行质量检验标准以及封井质量检验标准，针对不同的降水形式，提出了相应的控制要求。

2018 修订版还在地下水控制章节中，新增了回灌章节。在基坑降水过程中，在基坑外开启回灌井进行地下水回灌，来控制周边需要保护建筑的地下水位，避免受坑内降水的影响而出现较大的降深。此次修订对回灌井的质量检验要求、成孔施工质量、回灌水质、运行过程中的相关要求以及封井质量提出了检验标准。

8.1　一般规定

条文说明

8.1.1 条要点说明

排水系统的有效性是影响降排水能否正常运行的关键因素，特别是在排水量比较大的工程中，往往因前期设置的排水系统无法满足降排水的要求导致降水中止。因此，降水运行前检查工程场区的排水系统是非常必要的。为了避免其他因素如雨季大气降水造成排水不畅，根据工程经验，本条规定排水系统最大排水能力不应小于工程降排水最大流量的 1.2 倍。

8.1.2 条要点说明

不同性质的土层含水量、渗透性差异较大，对预降水时间的要求也不同。一般来说，土质基坑开挖深度越深、土层含水量越高、渗透性越差，需要的预降水时间越长。另外，不同的降排水工艺需要的预降水时间也不同，例如软土地层中真空负压管井比自流管井预降水时间缩短30%～50%。

减压降水验证试验应结合土质基坑开挖工况验证减压降水的有效性，并根据试验过程中达到安全水位的时间确定减压预降水时间。

8.1.3 条要点说明

控制土质基坑工程开挖土层中的地下水位在开挖面以下0.5m～1.0m，主要是为便于开挖干作业，确保混凝土垫层浇筑和养护的条件。

深部承压含水层的水位则应控制在经抗突涌稳定性验算后确定的安全水位埋深以下，以确保当前开挖面不会发生承压水突涌的风险。但承压水位不应过度低于安全水位埋深，以免过度减压降水引起工程周边环境变形。可设置水位观测井观测各个工况阶段承压水头降低的当前水位和设计最终水位，以便合理调整和控制各阶段的水位降深，了解、验证和保持最终降承压水头位置是否达到设计标高。

当基坑开挖面位于承压含水层中或与承压含水层顶板的竖向距离小于2m时，坑底已无有效的（半）隔水层。为保证基坑稳定性与施工安全，则需将承压水位控制在基坑开挖面以下1m。

8.1.4 条要点说明

本条规定适用于设置止水帷幕且在坑内降排水的基坑。通过坑外水位的变化来判别帷幕的止水效果，往往还受到其他因素的影响容易产生偏差。因此，在实际工程中发现坑外水位产生异常时，还应当排除水位的自然变幅、大气降水、水位观测井或水位观测孔的有效性等各方面影响因素，结合帷幕施工时的情况进行综合分析。

8.1.5 条要点说明

截水帷幕根据不同的选用类型，有着不同的施工质量验收要求，本标准的第7章7.2.7～7.2.11节对不同的截水帷幕类型提出了具体的质量验收标准，具体相关质量验收标准详见该章节内容。

8.2 降排水

条文说明

8.2.1 条要点说明

排水沟可采用砖砌砂浆抹面，也可采用混凝土浇筑而成。基坑四周每隔30m～40m宜设一直径为0.7m～0.8m的集水井，排水沟沟底宽大于0.3m，纵坡坡度宜控制在1‰～2‰，流向集水井。排水沟底面应比挖土面低0.3m～0.4m，集水井底面应比沟底面低0.5m以上。在现场可用钢尺测量的方法检验排水沟、集水井的尺寸。

8.2.2 条要点说明

筛析法，是利用一套孔径大小不同的标准土壤筛来分离一定量的代表性粒径与筛孔径相应的粒组，通过天平称量，得其各粒组的质量，以便计算各粒组的相对含量，进而确定粒度成分。

1. 标准土壤筛一套（图 8-1）

粗筛：孔径为 100mm、80mm、60mm、40mm、20mm、10mm、5mm、2mm。

细筛：孔径为 2mm、1mm、0.25mm、0.075mm。

托盘天平：感量 1g，称量 1000g。

磁体橡皮头研棒、毛刷、镊子、白纸、钢直尺、糖果勺。

图 8-1　标准土壤筛

2. 操作方法：

（1）四分法选取代表样品 300g，方法是：将土样用糖果勺在白纸上拌匀呈圆锥形然后用钢直尺以圆锥顶点为中心，向顺时针（或逆时针）方向旋转，使圆锥成为 1cm～2cm 的圆饼，然后在圆饼上用尺分为四等份，取其对角线相同的两份，将留下的两份样拌匀，重复上述步骤，直至剩下的土样满足需要量为止。

（2）称量四分法选取试样总质量（m_s），准确至 0.1g，并记录之。

（3）检查标准土壤筛大小孔径顺序，检查各层筛子是否干净，若有土粒须刷净，然后将已称量的试样 300g 倒入最顶层的筛盘中，盖好盖，用手托住筛析。一般粗粒上盘摇晃时间 3min～5min 即可，经 5min～10min 摇振，每只筛盘在相应时间摇振后取下，在白纸上用手轻扣，摇晃，直至筛净为止。把漏在白纸上的砂粒倒入下一层筛盘内。如此往复操作，直至最末一层筛盘筛净为止。

（4）称量留在各筛盘上的土粒（m_i），准确至 0.1g，并测量试样中最大颗粒的直径，并记录之。

3. 计算及误差分配

（1）计算各粒组的百分含量，准确至小数后一位

$$x_i = \frac{m_i}{m_s} \times 100\% \qquad (8\text{-}1)$$

式中：x_i——某粒组百分含量，%；

m_i——某粒组质量，g；

m_s——试样质量，g。

（2）各筛盘及底盘上土粒的质量之和，与筛前所称试样之质量差值不得大于试样总质量的 1%，否则应重新试验。若两者差值小于试样总质量的 1%，可视试验过程中误差产生的原因，分配给某些粒组，最终各粒组百分含量之和应等于 100%。

（3）若粒径<0.1mm 的含量大于 10%，则将这一部分用沉降法继续分析。

(4) 将试验成果填写在记录表格中，根据试样的粒度成分定出土的名称，绘制累积曲线，求不均匀系数（C_U）和曲率系数（C_c），并说明土的均一性。

8.2.3 条要点说明

试成井目的是核验地质资料，检验所选的成孔施工工艺、施工技术参数以及施工设备是否适宜。通过试成井可以了解选用的施工工艺的可行性，通过掌握成孔钻进的难度、孔壁的稳定性以及试成井的出水效果调整施工工艺，提高成井水平。一般需通过试成井 2 口进行对比检验，根据试成井的结果，对选用的施工工艺进行确定或完善，并熟悉、掌握施工操作要点。

8.2.4 条要点说明

控制成孔垂直度是保证成井质量的基本条件。成孔垂直度偏差过大，容易影响井（点）管居中沉设，造成滤料层厚度不均匀，影响抽水效果甚至导致降水井（点）出砂。可以使用孔径仪来测量成孔垂直度，偏差控制在 1/100 内，同时确保井（点）管拼装的平直度及居中竖直沉设，可保证滤料厚度基本均匀，有效发挥过滤作用。

8.2.5 条要点说明

井点施工完成后进行抽水试验，检验管井出水量的大小，确定管井设计出水量和设计动水位。试抽水类型为稳定流抽水试验，下降次数为 1 次，且抽水量不小于管井设计出水量；稳定抽水时间为 6h～8h；试抽水稳定标准为，在抽水稳定的持续时间内井的出水量、动水位仅在一定范围内波动，没有持续上升或下降的趋势，即可认为抽水已经稳定。

8.2.6 条要点说明

连续降水的工程对用电要求非常高，一旦出现断电，且长时间不恢复将带来降水运行的中止，从而带来工程风险。为防止出现这种现象，目前各种降水工程中都强调配备两路以上不同变电站供电的独立电源，确保一路电源供电异常后能及时切换至备用电路。如现场不具备两路不同变电站供电的条件，可以采用发电机作为备用电源。

8.2.7 条要点说明

在悬挂式帷幕的基坑或盾构进出洞、顶管进出洞、隧道旁通道开挖等类型的工程中进行降水时，降水极易造成工程场区外的地下水位下降从而引起环境变形。因此，本条规定这些类型的降水工程应当计量和记录降水井抽水量便于后续发生过度的环境变形时进行分析。

8.2.8 条要点说明

封井完成后不得有渗水现象，结构表面无湿渍，视条件观察 1 个星期，若有渗漏立即进行控制止水措施，确保无渗漏后进行微膨胀混凝土封口。

8.2.9 条～8.2.14 条要点说明

8.2.9～8.2.14 条规定，原规范中并没有提出相关质量检验标准，新标准考虑到降水井的施工质量在基坑降水中的重要影响，现增加了轻型井点、喷射井点、管井、减压降水管井及钢管井封井质量的相关质量检验标准及检查方法。

8.2.15 条要点说明

降水结束后提出水泵，向井内注入水泥浆封井（图 8-2）。经检查，井确实封闭后才能将井管割到基坑大底板处，井管与大底板之间的封堵必须考虑一些特殊方式，如图 8-3 所示，可作参考。对承压水降压井的封井应提出具体方法、措施，对注浆的压力、水泥浆的配方、封堵的方法、注浆管下入深度等给出具体规定。

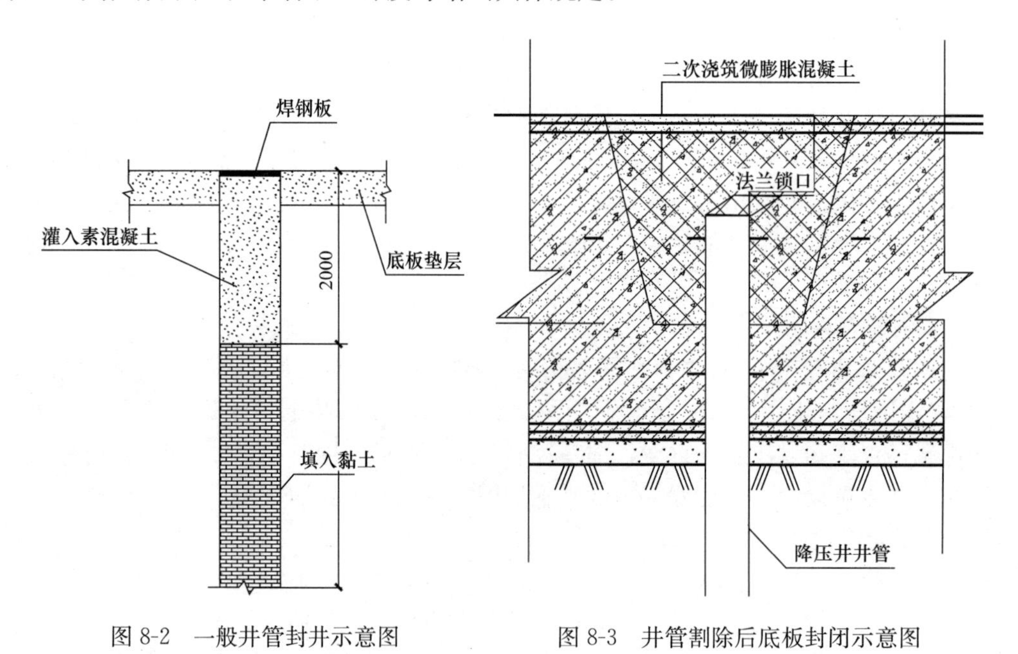

图 8-2　一般井管封井示意图　　图 8-3　井管割除后底板封闭示意图

8.3　回灌

8.3.1 条要点说明

应根据要求对井、滤管材质、滤管孔隙率、封孔回填土质量、挡砂网进行现场检测，须符合相关设计要求。使用筛析法检查滤料的粒径及不均匀系数，确定沉淀管的长度。

8.3.2 条要点说明

可参照 8.2.3 条的要点说明。

8.3.3 条要点说明

可以使用孔径仪来测量成孔垂直度，偏差控制在 1/100 内，同时确保管井拼装的平直度及居中竖直沉设。

8.3.4 条要点说明

回灌管井的孔壁回填有特殊的要求，必须防止回灌入含水层中的水沿着孔壁回渗至浅部土层甚至从地面冒出。因此，回灌管井除了采用黏土球封填孔壁外，应当进行注浆或采用混凝土回填剩余的空间。注浆或混凝土回填完成后，应保持 14d 以上休止期让混凝土达到强度。

8.3.5 条要点说明

回灌井中滤水管和回灌管道要保证没有破损和不透气，保证回灌中压力的控制；压力表和流量表的位置要准确，保证压力和流量为要求测定位置上的数值，避免错误数值影响回灌效果。

8.3.6 条要点说明

回灌期间应当同时观测及记录降水区和回灌区观测井水位抬升情况，这样便于根据观测井水位变化和周边环境变形监测的结果，动态调整降水和回灌量，保持抽灌平衡。

8.3.7 条要点说明

封井材料应符合无公害材料标准并具备相关合格报告，不得对地下水产生污染。封井完成后不得有渗水现象。

8.3.8 条要点说明

回灌管井的施工质量检验参照管井施工质量检验标准。

8.3.9 条要点说明

为了避免回灌压力过大造成回灌井孔渗水，甚至产生其他不可预见的危害，除了加强回灌井孔的封堵效果外，一般在满足回灌要求的情况下都采用自然回灌。自然回灌注水压力一般控制在 0.05MPa～0.10MPa。自然回灌不能满足回灌水量要求时，可采用加压回灌，但加压回灌的回灌压力必须通过现场试验后确定。加压回灌期间还应密切观测回灌井孔及四周土体渗水状况，出现渗水现象时，应适当降低回灌压力。

回灌水源应主要以基坑内抽水井的地下水作为回灌水，也可采用自来水作为回灌水源，禁止使用污染水源进行回灌，避免对地下水造成污染。

第9章　土石方工程

概　述

本章“土石方工程”对应原2002版规范的第六章“土方工程”一章。2018修订版改为“土石方工程”，较2002版“土方工程”更加全面合理。石方工程在施工中所扮演的角色越来越重要，在施工中也越来越常见，为此新增“石方工程”，相关验收标准应运而生。2002版规范中土方工程一章共分3小节，分别为：一般规定、土方开挖、土方回填；此次2018修订版中，“土石方工程”一章共分5个小节，在原有分节基础上，增添了：岩质基坑开挖、土石方堆放与运输、土石方回填。2018修订版相比较之下，比2002版本更为细化具体，弥补了2002版本仅有“土方工程”的单一性。

此次2018修订版新增章节“岩质基坑开挖”中明确规定基坑开挖过程中需要加强对周边环境的保护，在熟悉周边影响范围后制定合理的开挖方案。针对柱基、基坑、基槽、管沟岩质基坑开挖工程的质量检验标准和挖方场地平整岩土开挖工程的质量检验标准在标高、长度、宽度（由设计中心线向两边量）根据实际情况制定不同的检验标准。桩基、基坑、基槽、管沟岩质基坑开挖相对柱挖方场地平整岩土开挖工程的标高、长度、宽度更加严格，控制要求更高。

新版标准对验收内容中有些共同类似的表达进行分开表述，使得表述更加明确具体，方便使用者理解应用。主控项目和一般项目中检查方法所用仪器或设备更加先进，如在主控项目中对长度、宽度的检查由经纬仪改为全站仪。先进仪器设备的选用，使测量的数据更加准确可靠。

土石方工程是建筑工程施工中的主要工程之一。在大、中型建设项目中，由于土石方工程的工程量大、工期长、施工条件复杂等，对整个项目的顺利进行和经济效益，存在着较大的影响。土石方工程一般按照三个时间节点进行验收：施工前、施工中、施工后。

施工前须制定开工报告，由监理通过，形成完善的审批手续。施工过程中依据验收规范对各项指标进行严格把控。施工过程中现场产生具有真实信息的施工记录，是验收的重要材料。施工完成后，掌握与现有工程实际情况相符的验收相关资料，进行施工、监理、业主三方的验收手续。表格形式多种多样，但必须涵盖所有检测项目，本章节附表可作为参考。

9.1　一般规定

条文说明

9.1.1条要点说明

支护结构、地面排水、地下水控制、基坑及周边环境监测、施工条件验收和应急预案准备等工作的验收，反应土石方工程的质量。在土石方工程开挖施工前验收是为了确保土石方工程安全、顺利施工。

本条对土石方开挖施工前验收的内容作出了具体规定，主要包括围护、降水、监测、土石方开挖方案相关内容。不同工程的项目由于施工工艺的不同，施工前验收项目也会有所差异，应根据工程实际对需要验收的项目进行验收。

9.1.2 条要点说明

在土石方开挖过程中，特别是石方工程开挖过程中，待开挖石方存在众多不确定因素。应注重石方工程开挖施工中的过程控制，定期测量和校核设计平面位置。测量和校核设计平面位置的测设方法有直角坐标法、极坐标法、角度交会法和距离交会法。根据控制网的形式、地形情况、现场条件和精度要求的因素确定采用哪种测设方法。

9.1.3 条要点说明

基坑土方开挖的施工工艺一般有两种：放坡开挖（无支护开挖）和在支护体系保护下开挖（有支护开挖）。前者简单经济，但需具备一定条件，即基坑不太深且基坑平面之外有足够的空间供放坡使用。因此，在空旷地区或周围环境允许放坡而又能保证边坡稳定的条件下应优先选用。

“开槽支撑，先撑后挖，分层开挖，严禁超挖”是有支护结构的基坑开挖应遵循的原则，土石方开挖的顺序、方法必须与设计工况和施工方案相一致，根据土质、周边环境、施工机械、围护形式确定分层开挖深度。

9.1.4 条要点说明

平整后的场地平面坡度首先应该符合设计的要求，当没有设计要求和参考时，验收标准给出了最小坡率，利于向排水方向排水，避免平整后的场地产生积水不利于土石方工程的进行。检查平整后的标高和平面几何尺寸首先是为了保证在设定好的空间位置内准确的挖掘土石方，土石方工程的表面平整度检查给出了更严格的规定，要求每 $100m^2$ 取一点。

9.2 土方开挖

条文说明

9.2.1 条要点说明

对上述所列项目的验收首先从视觉上判别其是否安全；然后再使用测量仪器、现场监督人员、土方开挖前施工工程的施工记录等科学的方法检验。土方施工前，以地下连续墙质量检查为例，现场监督人员和地墙施工记录表能提供具有价值的信息。

定位放线、排水和地下水控制系统按照设计要求施工，除了直观判断外，在土方开挖前通过预降水对围护体的止水性能进行检验。对周边影响范围内地下管线和建（构）筑物保护措施的落实，有助于避免施工过程中土压力的不利变化对地下管线和建（构）筑物造成破坏，对国家和人民造成经济损失。可以通过相关政府部门、勘察单位、物探等途径落实周边环境影响范围内已知和未知的地下管线和建（构）筑物等状况。

9.2.2 条要点说明

土方开挖施工过程中，压实度参数的检测能有效掌握最强有力的数据，不仅能指导后续施工，也能验证使用前土质勘探情况，做到心中有数。预留土墩设置、分层开挖厚度的设定须满足设计要求和施工组织总体设计要求。支护结构的变形以及周边环境的变化情况一般由第三方检测单位定时上报监测数据。

以地下连续墙支护结构为例，有测斜、基底隆起、支撑内力、地下水位、管线沉降、周围环境沉降等实时监测。土方开挖见底后，内部结构施工前，基坑稳定状态最为不利。

9.2.3 条要点说明

土方施工结束后再一次检查平面几何尺寸、水平标高，确定被挖掘土方空间位置上的正确性。有边坡的支护结构须检查边坡坡度满足设计要求。土方开挖中所指的基底土性按土质不同，可分为一类土、二类土、三类土、四类土。

9.2.4 条要点说明

本条给出了临时性挖方边坡坡度值的质量检验标准，现对本条的规定以及本次修订的变化做几点说明：

偏差的调整：根据建筑工程的实际情况，本标准修订时，组织参编单位对上海、北京、广东等地区临时性挖方坡度质量检验标准进行了调研。增加说明了本表适用于无支护措施的临时性挖方工程的边坡坡度，适用于地下水位以上的土层，见表 9-1。

临时性挖方工程的边坡坡率旧规范与新标准对比　　表 9-1

旧规范表述	新标准表述	变化情况
硬	坚硬	表述明确
硬、塑	硬塑、可塑	表述明确
软	软塑	表述明确

9.2.5 条要点说明

本条给出了土方开挖工程的质量检验标准，现对本条的规定以及本次修订的变化做几点说明：

表述的调整：与《建筑地基基础工程施工质量验收规范》GB 50202—2002 对比，土方开挖工程质量检验标准得以展开，四种土方开挖工程项目分别列表，虽然有共同之处，但是分开表述使表述更清晰。表 9.2.5-1、表 9.2.5-3、表 9.2.5-4 明确指出了主控项目中标高允许偏差的范围。

明确一般项目中表面平整度允许偏差不大于允许值；检验方法中将“观察”改为“目测”。

9.3　岩质基坑开挖

条文说明

9.3.1 条要点说明

岩质基坑开挖施工前的准备工作是为了保证在施工过程中可以顺利的进行。基坑支护是为了保证地下结构施工及基坑周边环境的安全，对基坑侧壁及周边环境采用支挡、加固和保护措施的工程建造方法。支护结构应当满足稳定和变形的要求，且具有足够的安全系数。

爆破器材的购置、运输、储存和使用必须严格按相应规定执行。所有施工设备使用前必须进行全面检查和试运行，以保证检测仪表读数正常。爆破器材须由专业的施工人员进行操作，确保爆破质量与爆破安全，提高施工质量。基坑开挖前其所需设备应当准备到位，且满足施工过程中的使用。对于周边影响范围内的环境事前须精准了解，避免在施工过程中被破坏。土石方运输车辆的行走路线以及弃土场的合理安排有助于施工顺利有序地进行。

9.3.2 条要点说明

施工过程中各项指标的及时检查以及修整是施工顺利进行的前提。

平面位置、尺寸、水平标高的检查是为了保证基坑位置规模的准确。平面位置一旦出现偏差，给后续的开挖工作将带来较大错误。边坡坡率应在安全范围之内，保证基坑开挖时的安全。

爆破施工作为特种作业，且存在很大的危险性，验收时检查爆破作业关键要素，采取爆破施工对周围环境影响大，周边环境瞬时变化的可能性大，应加强环境监测，采取增加监测点或者增加监测频率的方法。

9.3.3 条要点说明

施工的全过程包括施工结束后需要对被开挖体的空间位置进行检查，几何尺寸、水平标高、边坡坡度的检查贯穿整个施工过程。开挖见底之后，基底的情况变得清晰明朗，需要检查基底岩（土）质情况和承载力是否与设计文件相符，也要对基底处理情况进行检验。

本节规定了在岩质基底处理无设计规定时应符合的规定，岩层基底软弱质、岩层基底水的危害大。

9.3.4 条要点说明

本条给出了柱基、基坑、基槽、管沟岩质基坑开挖工程的质量检验标准，现对本条的规定以及本次修订的变化做几点说明：

偏差的调整：开挖后表面因爆破松动的岩石，表面呈薄片状或尖角状突出的岩石，以及裂隙发育或具有裂隙的岩石均须采用人工处理，如单块过大，亦可用机械或其他方法破除。保证在清除掉炸松的石渣之后检查柱基、基坑、基槽、管沟岩质基坑开挖工程质量。

主控项目中标高的允许偏差体现在不能超挖，长度、宽度的允许偏差体现在平面尺寸应满足内部结构空间要求，特别注意应由设计中心线向两边量。边坡的要求应满足设计值。一般项目中检验表面平整度和基底岩（土）质，当现场条件不便于目测或者观察时，应用仪器实验检验。

9.3.5 条要点说明

本条给出了挖方场地平整岩土开挖工程的质量检验标准，现对本条的规定以及本次修订的变化做几点说明：

偏差的调整：挖方场地平整岩土开挖工程的质量检验标准和柱基、基坑、基槽、管沟岩质基坑开挖工程的质量检验标准的主控、一般项目相同。

场地平整应在整平完后检查。

9.4 土石方堆放与运输

条文说明

9.4.1 条要点说明

土石方平衡计算的规则是土方的回填量与挖方量相等，尽量做到不外运、不缺土。土石方的堆放与运输要考虑安全因素，满足施工组织设计要求。

9.4.2 条要点说明

在施工过程中，土石方应堆放在指定区域，且堆放安全距离及堆土高度须满足施工设计要求。施工中要有专业测量人员随时进行测量复核，以准确地控制边坡坡度及边坡稳定，保证排水的顺畅。施工过程中的防扬尘措施应保证施工便民、利民而不扰民，使工地环境做到规范化、标准化管理。

9.4.3 条要点说明

土方堆放时应根据具体施工情况以及堆放位置做适当的安排，保证堆放安全且符合堆放的要求以及不影响周边的环境。

在检查时应对照设计图纸及专项施工方案进行逐项检查并做完整记录，不符合要求的项目应及时进行整改。

9.4.4 条要点说明

施工结束后，再次测量相关施工数据，保证满足施工要求，若超出施工要求范围，及时修整直到符合标准。

9.4.5 条要点说明

土石方堆放工程的质量检验标准主控项目和一般项目的允许值应遵循设计值，允许偏差满足设计要求。

土石方堆放工程的质量检验标准不具有普遍性，各个施工现场的土质情况、地基土情况不同。因此需要按照设计要求严格遵循。

9.5 土石方回填

条文说明

9.5.1 条要点说明

施工前应将基坑底的垃圾等杂物清理干净，清理到基底标高；将回落的松散垃圾、砂浆、石子等杂物清理干净。检验回填土的质量有无杂物，粒径是否符合规定，以及回填土的含水量是否在控制的范围内。

9.5.2 条要点说明

施工过程中的各项指标均由专业人员进行测量，对发现不合格检测项目，应及时采取措施，确保施工正常有序进行。压实遍数若无试验依据，应符合相关规定，举例说明：若分层厚度为 250mm～300mm，则压实机具应选择平辗，每层压实遍数为 6 遍～8 遍。

9.5.3 条要点说明

标高和压实度的检查方法，施工结束后修整找平，凡超过标准高程的地方，及时铲平；凡低于标准高程的地方，应补土夯实。短时间内回填量较多时易改变边坡坡度。

9.5.4 条要点说明

本条规范给出了场地平整填方工程质量检验标准，现对本条的规定以及本次修订的变化做几点说明：

随着城市的发展，地铁和地下工程废弃土（石）方的堆填处理面临场地狭窄的问题以外，更对堆填土的安全性提出更高的要求，严重时可导致滑坡等人为事故发生。

土（石）中水、空气和杂质的含量等影响土（石）方填筑体的稳定性，填方施工质量检验项目和质量检验标准应符合要求。

第10章　边坡工程

概　述

本章“边坡工程”较原2002版规范是新增章节，一共分为4小节。分别为：一般规定、喷锚支护、挡土墙、边坡开挖。边坡工程与第7章“基坑支护工程”中的土钉墙、重力式水泥土墙、锚杆等内容及第9章“土石方工程”中的土石方开挖等内容联系紧密，是一个不容忽视的重要施工环节，也是基坑支护和开挖施工必定会遇到的施工关键点。新增本章节对相关主要章节的内容的完整性尤为重要。2018修订版相比较之下，比2002版本更为完善与具体，弥补了2002版本缺少的“边坡工程”章节。

建筑边坡工程是指在建（构）筑物场地或其周边，由于建（构）筑物和市政工程开挖施工所形成的人工边坡和对建（构）筑物安全或稳定有影响的自然边坡。边坡按组成物质可分为岩质边坡和土质边坡。一般情况下，岩质边坡高度限定在30m以下、土质边坡高度限定在15m以下。超过限定高度的边坡工程或地质和环境条件复杂的边坡工程除符合规范外，还应进行专项设计，采取有效、可靠的加强措施。建筑边坡是一项颇为复杂的岩土工程，各方面的因素均会对其稳定产生影响，为此边坡形成之前首先要做好边坡的勘察工作，对边坡的工程地质条件及其发展趋势做出正确的评价。

2018修订版中10.2.5条边坡喷锚质量检验标准对锚杆的承载力检测方法做了规定细化。锚杆拉拔力试验的目的是评价锚杆、锚固系统的性能和锚杆的锚固力，试验必须在现场进行。锚杆承载力这一主控项目检测方法是拉拔试验，另外测量的时间点也很关键，时间过短影响锚固剂固化后的强度，时间过长则容易发生变形影响测量结果。故测量时间点是影响测量结果好坏的重要的因素。

2018修订版中10.3.4条挡土墙质量检验标准的墙身材料强度规定，对于石材采用点荷载试验，对于混凝土采用试块强度，其中石材的点荷载试验具体操作可参见《工程岩体分级标准》GB/T 50218。这样使得试验更加规范，试验结果真实有效。

2018修订版中10.4.4条规定了一般边坡工程监测方法和采用爆破施工时监测注意要点，内容完整，应符合现行国家标准《建筑边坡工程技术规范》GB 50330的规定。

此次2018修订版中，新增“边坡工程”章节对于喷锚支护、挡土墙及边坡开挖等施工中涉及的边坡质量检验标准及监控量测做了详细规定。整个“边坡工程”这一章节更是对前述相关内容的补充完善，使得地基基础工程施工质量验收标准更加完整，是必不可少的章节。

10.1　一般规定

条文说明

10.1.1条要点说明

目前广泛使用的边坡支护形式有：

（1）喷锚支护；（2）锚索＋格构梁支护；（3）锚杆＋格构梁支护；（4）锚索＋锚垫板支护；（5）抗滑桩＋锚索支护；（6）锚杆＋格构梁＋喷锚支护；（7）格构梁支护。

施工缝指的是在混凝土浇筑过程中，因设计要求或施工需要分段浇筑而在先、后浇筑的混凝土之间所形成的接缝。施工缝并不是一种真实存在的"缝"，它只是因为浇筑混凝土超过初凝时间，而与先浇筑的混凝土之间存在一个结合面，该结合面就称之为施工缝。

10.1.2 条要点说明

钢筋、混凝土、预应力锚杆、挡土墙等入场须提供相关合格证明，并抽样送相关部门检验，施工后也应进行抽样质检及对试块、试件的检验。

10.1.3 条要点说明

边坡工程应由设计提出监测要求，由业主委托有资质的监测单位编制监测方案，经设计、监理和业主等共同认可后实施。

10.2 喷锚支护

条文说明

10.2.1 条要点说明

水泥等主要材料的规格、配合比、性能必须符合设计要求，应当检查产品合格证及材料试验报告。锚杆的杆体及配件等也应检查其产品合格证及材料试验报告，并现场检查。

10.2.2 条要点说明

注浆材料性能应符合下列规定：

（1）水泥宜适用普通硅酸盐水泥，需要时可采用抗硫酸盐水泥；

（2）砂的含泥量按重量计不得大于 3%，砂中云母、有机物、硫化物和硫酸盐等有害物质的含量按重量计不得大于 1%；

（3）水中不应含有影响水泥正常凝结和硬化的有害物质，不得使用污水；

（4）外加剂的品种和掺量应由试验确定；

（5）浆体配置的灰砂比宜为 0.80～1.50，水灰比宜为 0.38～0.50；

（6）浆体材料 28d 的无侧限抗压强度，不应低于 25MPa。

检验的各项指标应符合设计要求。

10.2.3 条要点说明

基本试验主要目的是确定锚固体与岩土层间粘结强度极限标准值、锚杆设计参数和施工工艺。试验锚杆的锚固长度和锚杆根数应符合下列规定：

（1）当进行确定锚固体与岩土层间粘结强度极限标准值、验证杆体与砂浆间粘结强度极限标准值的试验时，为使锚固体与地层间首先破坏，当锚固段长度取设计锚固长度时应增加锚杆钢筋用量，或采用设计锚杆时应减短锚固长度，试验锚杆的锚固长度对硬质岩取设计锚固长度的 0.40 倍，对软质岩取设计锚杆长度的 0.60 倍；

（2）当进行确定锚固段变形参数和应力分布的试验时，锚固段长度应取设计锚固长度；

（3）每种试验锚杆数量均不应少于 3 根。

10.2.4 条要点说明

锚杆验收试验的目的是检验施工质量是否达到设计要求。验收试验的锚杆应随机抽样。质监、监理、业主或设计单位对质量有疑问的锚杆也应抽样作验收试验。

当验收锚杆不合格时，应按锚杆总数的30%重新抽检；重新抽检有锚杆不合格时应全数进行检验。

锚杆总变形量应满足设计允许值，且应与地区经验基本一致。

10.2.5 条要点说明

锚杆拉拔力试验的目的是评价锚杆、锚固系统的性能和锚杆的锚固力，试验必须在现场进行。

拉拔试验在锚杆安装后 0.5h～4.0h 进行。时间过短影响锚固剂固化后的强度，时间过长则容易发生变形影响测量结果。

按图 10-1 所示进行拉拔力试验，确保锚杆拉力计油缸的中心线与锚杆轴线重合。试验前，检查手动泵或电动泵的油量和各连接部位是否牢固，确认无误后再进行试验。试验由两人完成，一人加载，一人记录。试验时应缓慢均匀的操作手动泵压杆。当锚杆出现明显位移时，停止加压，记录锚杆拉力计此时的度数，即为拉拔试验值。

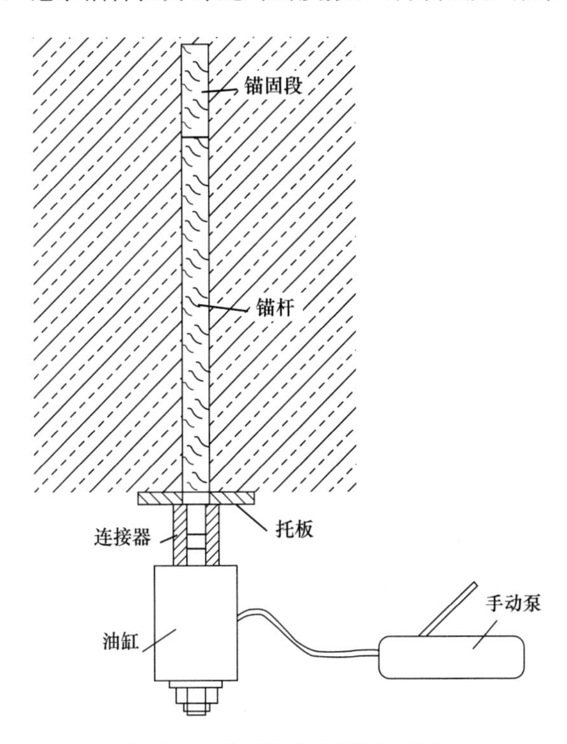

图 10-1　锚杆拉拔力试验示意图

10.3　挡土墙

条文说明

10.3.1 条要点说明

挡土墙墙背填筑所用的填料应采用透水性材料或设计规定的材料，土方施工应符合设计要求。当设计无要求时，不得采用膨胀土、高液限黏土、耕植土、淤泥质土、草皮、树根、生活垃圾等不良填料。

10.3.2 条要点说明

验槽的主要内容包括挡土墙基础宽度、埋深、放坡坡率、挡土墙的地基持力层等内容。墙身砌体应分层砌筑，采用挤浆法，确保灰缝饱满。砌体应牢固，内外搭砌，上下错缝，拉接石、丁砌石交错布置；墙身泄水孔通畅，严禁倒坡。

10.3.3 条要点说明

重力式挡土墙砌体墙面应平整、整齐，外形美观，两端面与基础连接处应密贴。砌缝均匀，无开裂现象，勾缝密实均匀、平顺美观；沉降缝、伸缩缝整齐平直、上下贯通，缝宽不小于设计值；反滤层材料级配符合设计要求、透水性良好。泄水孔的位置应符合设计要求，孔坡向外，无堵塞现象。

10.3.4 条要点说明

对墙身材料强度的检测，其中对石材的检测方法是采用点荷载试验。点荷载试验是将岩石试样置于两个球形园锥状压板之间，对试样施加集中荷载，直至破坏，然后根据破坏荷载求得岩石的点荷载强度。常用点荷载试验仪进行试验（图 10-2）。试验具体操作可参见《工程岩体分级标准》GB/T 50218。

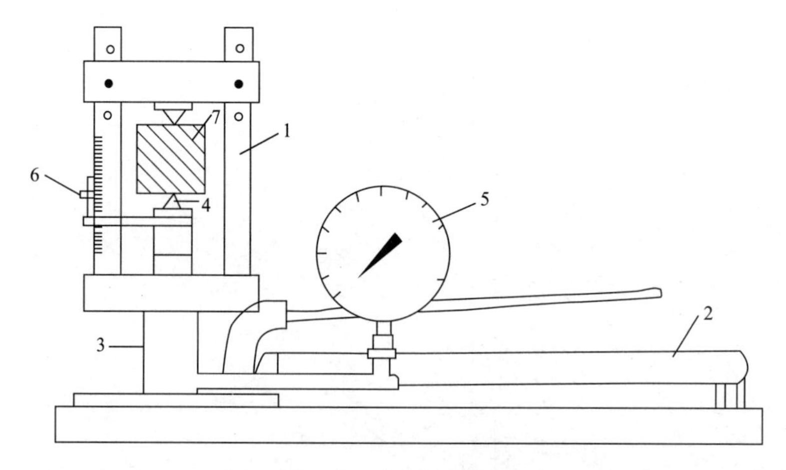

图 10-2　点荷载试验仪

1—框架；2—手摇卧式油泵；3—千斤顶；4—球面压头（简称加荷锥）；5—油压表；6—游标卡尺；7—试样

对墙身、压顶断面尺寸的检查一般用钢尺量：每一缝段测 3 个断面，每断面各 2 点，主要检测墙身和压顶断面的高度和厚度。

拉伸试验可测定材料的一系列强度指标和塑性指标。强度通常是指材料在外力作用下抵抗产生弹性变形、塑性变形和断裂的能力。材料在承受拉伸载荷时，当载荷不增加而仍继续发生明显塑性变形的现象叫做屈服。产生屈服时的应力，称屈服点或称物理屈服强度，用 σ_S（Pa）表示。工程上有许多材料没有明显的屈服点，通常把材料产生的残余塑性变形为 0.2%时的应力值作为屈服强度，称条件屈服极限或条件屈服强度，用 $\sigma_{0.2}$ 表示。材料在断裂前所达到的最大应力值，称抗拉强度或强度极限，用 σ_b（Pa）表示。

塑性是指金属材料在载荷作用下产生塑性变形而不致破坏的能力，常用的塑性指标是延伸率和断面收缩率。延伸率又叫伸长率，是指材料试样受拉伸载荷折断后，总伸长度同原始长度比值的百分数，用 δ 表示。

墙面的平整度一般使用塞尺进行检测，具体操作方法可参见《塞尺检定规程》JJG 62。

10.4 边坡开挖

条文说明

10.4.1 条要点说明

施工前宜采用钢尺测量的方法检查平面位置是否正确，用水准仪测量确定场地标高及基准点的引入，使用坡度尺确定边坡坡率并确定降排水系统是否正常运行。

10.4.2 条要点说明

边坡坡率、平面尺寸、标高的控制决定着边坡轮廓面的成型和保留岩体的开挖质量，需要经常量测，确定降水水位，确保开挖期间边坡的安全性。

10.4.3 条要点说明

开挖壁面岩石的完整性用岩壁上炮孔痕迹率来衡量，炮孔痕迹率也称半孔率，为开挖壁面上的炮孔痕迹总长与炮孔总长的百分比率。

10.4.4 条要点说明

边坡工程应由设计提出监测项目和要求，由业主委托有资质的监测单位编制监测方案，监测方案应包括监测项目、监测目的、监测方法、测点布置、监测项目报警值和信息反馈制度等内容，经设计、监理和业主等共同认可后实施。

边坡工程可根据安全等级、地质环境、边坡类型、支护结构类型和变形控制要求，按表 10-3 选择监测项目。

边坡工程监测项目表 **表 10-3**

测试项目	测点布置位置	边坡工程安全等级		
		一级	二级	三级
坡顶水平位移和垂直位移	支护结构顶部或预估支护结构变形最大处	应测	应测	应测
地表裂缝	墙顶背后 1.0H（岩质）～1.5H（土质）范围内	应测	应测	选测
坡顶建（构）筑物变形	边坡坡顶建筑物基础、墙面和整体倾斜	应测	应测	选测
降雨、洪水与时间关系	——	应测	应测	选测
锚杆（索）拉力	外锚头或锚杆主筋	应测	选测	可不测
支护结构变形	主要受力构件	应测	选测	可不测
支护结构应力	应力最大处	应测	选测	可不测
地下水、渗水与降雨关系	出水点	应测	选测	可不测

10.4.5 条要点说明

岩质边坡应满足设计要求，并确保边坡稳定、无松石。岩质边坡和土质边坡的坡面应平顺，边线应顺直，严禁出现倒坡。

10.4.6 条要点说明

检测坡度较常使用坡度尺，坡度尺是一种根据地形图上等高线的平面距离，确定相应的地面坡度或其逆过程的图解曲线尺。根据施工图上等高线的平面距离确定相应的地面坡度时，先量取等高线间的平面距离，再在坡度尺上找出纵线高与此平面距离相等的纵线位置，所注的百分比（或角度），即为此等高线间的实地坡度。

第 11 章　结　　语

此次 2018 版本标准的修订，相对 2002 版规范调整变化的内容很大，对验收标准范围进行了调整，验收项目也进行了增减，但是仍旧遵循“验评分离、强化验收、完善手段、过程控制”的基本方针。材料进场复验、隐蔽工程验收、工序过程控制以及验收条件、验收组织、验收程序等基本保持不变。2018 版标准细化了验槽要求，调整了抽样原则，在技术要求上更加合理。

在实际工程中，我们还应突出强调地基与基础工程的质量验收过程控制。施工单位和监理单位应按照新标准要求编制及填写施工前和施工中的施工记录。现有的资料编制体系中还没有固定表式，参建单位应发挥主观能动性，自主记录，自我监督，完善这项工作。